寒区水文学讲义

高坛光　许　翔　许　民　编著

内容简介

本书以一种简洁而又有信息量的方式，系统介绍了寒区水文学的基本内容，包括冰川、冻土、积雪和河湖冰等寒区要素的基础知识，寒区水文各要素的水文过程、水化学和寒区水文灾害等专业知识，阐述了寒区水文的基本原理及其应用，为学习寒区水文相关知识的本科生提供一本语言精炼、通俗易懂的基础教材。

本书可供具备一定自然地理学和水文学原理知识的本科生以及对寒区水文感兴趣的读者阅读参考，此外，从事寒区工作的相关研究生和管理工作者在解决与水文学有关的问题时，也会发现本书的参考价值。

图书在版编目(CIP)数据

寒区水文学讲义/高坛光，许翔，许民编著．—北京：气象出版社，2020.5

ISBN 978-7-5029-7210-3

Ⅰ.①寒…　Ⅱ.①高…　②许…　③许…　Ⅲ.①寒冷地区—水文学—研究　Ⅳ.①P33

中国版本图书馆 CIP 数据核字(2020)第 084615 号

寒区水文学讲义

HANQU SHUIWEN XUE JIANGYI

高坛光　许　翔　许　民　**编著**

出版发行：气象出版社

地　　址：北京市海淀区中关村南大街 46 号　　**邮政编码**：100081

电　　话：010-68407112(总编室)　010-68408042(发行部)

网　　址：http://www.qxcbs.com　　**E-mail**：qxcbs@cma.gov.cn

责任编辑：蔺学东　　**终　　审**：吴晓鹏

责任校对：张硕杰　　**责任技编**：赵相宁

封面设计：地大彩印设计中心

印　　刷：北京中石油彩色印刷有限责任公司

开　　本：710 mm×1000 mm　1/16　　**印　　张**：8.75

字　　数：220 千字

版　　次：2020 年 5 月第 1 版　　**印　　次**：2020 年 5 月第 1 次印刷

定　　价：55.00 元

本书如存在文字不清、漏印以及缺页、倒页、脱页等，请与本社发行部联系调换。

前　言

寒区水文学是发源于冰天雪地的科学，无数科学家们在地球上高寒地区的不懈观测和研究，奠定了它的理论体系和学科价值。从南极大陆到北冰洋，再到青藏高原，孤僻是它的常态，寒冷是它的主色调。纵然人迹罕至，寒区水文的研究，却与人们的生活息息相关。这里是几十亿人口的水源地，是全球气候变化的指示器，又是独特的文化和风景。即便是在温热的夏季，只要你仰望高山或是俯揽大地，都可以发现它的存在。而它所蕴含的规律和原理，你可以在这本书中找到。

当今，随着全球变暖、生态环境恶化等问题的广泛关注，冰冻圈科学涵盖的问题愈发受到关注。在我国水利工程领域，寒区河流的水能资源蕴藏量约占全国的80%。另一方面，寒区的水资源又非常稀缺，对现有水资源的科学开发利用和有效保护成为西北地区面临的最大挑战之一。在当今资源、环境和经济三者关系日趋紧张的情况之下，寒区资源环境质量对我国全局经济社会发展影响愈显突出。习近平总书记在2019年8月视察甘肃时指出，祁连山是国家西部重要的生态安全屏障，这是国家战略定位。顺应以上发展背景和社会需求，兰州大学资源环境学院2018年在全国首次开设了这门极具地域与时代特色的本科专业选修课一寒区水文学。同时，对于编写一本适合于本科生的基础教材，也提出了新的需求。因此，本书旨在为对冰冻圈和寒区水文非常感兴趣的本科生和读者提供一本基础教材。但本书同时假定读者具备完整的自然地理学和水文学原理基础知识。另外，从事寒区工作的相关研究生和管理工作者在解决与水文学有关的问题时，也会发现本书的参考价值。本书语言精炼，通俗易懂，尽量减少公式与推导过程，力求以一种简洁而又有信息量的方式，阐述寒区水文的基本原理及其应用。

本书共分为11章，对于寒区水文学的基本问题进行了较为系统的论述。第1章是引言，介绍了寒区水文学的起源、学科体系和特点。第2章是冰川基础知识，介绍了冰川的定义类型、发育、冰川物质平衡和冰川水资源等基本的冰川背景知识。第3章是冰川消融过程，介绍了冰川的消融形式、冰川储水、汇流等冰川水文过程和水温效应。第4章是冻土基础知识，介绍了冻土的概念、多年冻土的分类和形成条件、水热特征、冷生作用等冻土背景知识。第5章是多年冻土水文过程，介绍了冻土水分迁移过程、年内冻融过程、未冻水、地下冰以及冻土入渗和产流等冻土水文过程。第6章是积雪基础知识，介绍了积雪研究的重要性、降雪，积雪的形成、分类、分布和观测，以及关键的积雪物理过程及特征。第7章是积雪水文过程及特征，包括积雪消融及水量平衡、积雪消融模拟、运移、积雪产汇流和预报等。第8章是河湖冰与海冰，介绍了河湖冰的定义、类型及研究意义，以及其冻融过程、冻融特点，此外还对凌汛和海冰进行了介绍。第9章是海平面变化与极地淡水循环，阐述了影响海平面变化的主要因素、极地冰冻圈与淡水循环、热盐环流与径向翻转流等概念。第10章是寒区水化学，主要介绍寒区水化学的研究内容、主要的传输方式，以及无机成分、有机成分、重金属元素、不溶性微粒、稳定同位素等主要的化学过程。第11章是寒区水文灾害，介绍了冰川洪水、冰湖溃决洪水、冰川泥石流、冻融灾害、雪灾、海冰灾害等特征、机理和预防。由于是第一次编写《寒区水文学讲义》，经验不足、知识有限，书中难免会有不当或疏漏之处，敬请读者批评指正，以便再版时补充修订。

本书的编撰和出版得到兰州大学“双一流”拔尖创新人才培养项目(8912131)经费资助，同时还得到了兰州大学资源环境学院和中国科学院西北生态环境资源研究院冰冻圈科学国家重点实验室的大力支持，在此表示衷心感谢。同时，也感谢本书出版过程中的所有师长、同事和朋友们给予的帮助。

编者

2020年2月16日

目　　录

第1章 引 言

1.1 寒区水文学的起源

寒区水文学即冰冻圈水文学，是研究冰冻圈要素时空分布与运动规律及其在流域水文过程中作用的学科。这是一个跨学科的新兴领域，需要集成冰冻圈科学、水文学、地理学和大气科学的原理，才能进行深入探索。

由唐代高僧玄奘所著的《大唐西域记》(公元 642 年)，被认为是世界上最早的冰冻圈水文记录。书中在"凌山及大清地"一节中写道："西北行三百余里，度石碛，至凌山。此则葱岭北原，水多东流矣。山谷积雪，春夏合冻，虽时消泮，寻复结冰。经途险阻，寒风惨烈，多暴龙，难凌犯。"文中首次描述了冰川积雪以及雪崩等寒区水文现象。而中国对于寒区水资源的利用，最早可以追溯到汉武帝对河西走廊冰川融水补给的绿洲开发。唐代《沙州都督府图经》残卷是一份从敦煌出土的珍贵历史文献，编纂于公元 624—651 年，则首次详细描述了冰川融水的水文特征："其腴如泾，其浊如河。加以节气少雨，山谷多雪，立夏之后，山暖雪消，雪水入河，朝减夕涨"，文中对冰川融水的物理特性、季节变化和日变化，都有较为详细的描述。

近代以来，寒区水文分别从"冰川水文""冻土水文""积雪水文"等冰冻圈水文要素的视角开展相关研究，从寒区水文的各个分支学科研究推进着学科的进展，其中冰川和冻土是寒区水文学初期最核心的两个研究对象。

瑞士科学家阿伽西(Agassiz，1807—1873 年)，是近代最早进行冰川科学系统研究的人，他于 1840 年建立了世界上第一个冰川观测站，他的著作《冰川研究》(Études sur les glaciers)是冰川学理论的奠基之作。以第三届国际地球物理年(1957—1959 年)为开端，历经国际水文协作 10 年(1965—1974 年)，到 20 世纪 80 年代中期，由于较新仪器的广泛应用，分布于全球不同自然带的冰川获得了国际性的同步观测，突出了冰川学的地球物理机理和水文过程，开始注意对重点冰川灾害的研究，如冰湖溃决和冰川跃动现象。从此，冰川学从国家范围走向全世界，特别是对极地的研究。自 20 世纪 90 年代以来，随着科学界大多数人对全球变暖的认可，对于全球变化可能引起的气候与环境变化后果，成为到目前为止，冰川学研究的主导方向。

早在1757年，俄罗斯科学家M. B. 罗蒙诺索夫发表“冻土地”科学综述，对“冻土地”的形成及其与气候、地形的关系等提出看法。从19世纪后半期，西伯利亚工农业发展、人口大量迁移，特别是西伯利亚大铁路干线的建设，对冻土研究产生了很大的推动。俄罗斯地理学会的《西伯利亚冻土研究指南》(1895年)、H. C. 鲍格达诺夫的《永久冻土与永久冻土上的建筑物》(1912年)和A. B. 利沃夫的《阿穆尔铁路西段在永久冻土条件下供水水源的普查与勘探》(1916年)等书相继问世。1917年后，冻土研究进入了有计划、有目的的发展时期。M. H. 苏姆金的《苏联境内永久冻结土壤》专著出版(1927年)，标志着冻土学已成为一门独立学科。《普通冻土学》(1940年)、《冻土学原理》(1959年)和《苏联冻土学》(1988年)等一系列专著的出版，显示出冻土学在苏联的发展达到了较高的深度和广度。

现代以来，1972年的斯德哥尔摩会议上，世界气象组织(WMO)首次将冰冻圈与大气圈、水圈、生物圈和岩石圈并列，明确了这五大圈层之间的相互作用与反馈，确定了气候系统的概念，冰冻圈的重要作用也得到了共识。2007年，中国科学家正式提出冰冻圈科学的概念，同时成立了国际上第一个以“冰冻圈科学”命名的国家重点实验室，即“中国科学院冰冻圈科学国家重点实验室”；2016年，“中国冰冻圈科学学会”正式成立，成为中国科学技术协会旗下第208个一级学会。在国际上，国际大地测量学与地球物理学联合会(IUGG)下属的国际雪冰科学委员会(ICSI)，之前是国际水文科学协会(IAHS)之下的一个二级学科。随着人们对冰冻圈在气候变化中的重要性认识的增强，2007年，IUGG第24届大会上，国际雪冰科学委员会(ICSI)被升格为国际冰冻圈科学协会(IACS)，成为IUGG成立87年来，增加的唯一一个一级学会。

随着冰冻圈学科的整合，寒区水文学成为冰冻圈科学的二级学科。冰冻圈的变化过程是水体的固—液转化过程，这一过程中必然伴随水文过程的发生。随着冰冻圈科学的发展，寒区水文学逐步完善，其科学体系更加完备和严谨。寒区水文学在冰冻圈科学体系中，具有特殊的中心地位。

1.2 寒区水文学学科体系

寒区水文学的研究对象包括冰川、冰盖、冻土、积雪、海冰及河湖冰等水文过程。寒区水文学最重要的学科基础是冰冻圈科学和水文学，此外水资源科学、地理学和大气科学也是重要的学科基础。

1.2.1 冰冻圈科学

寒区水文学在学科体系上属于冰冻圈科学。冰冻圈是指地球表层连续分布且具有一定厚度的负温圈层，亦称冰雪圈、冰圈或冷圈。冰冻圈科学是研究冰冻圈诸要素的形成和变化规律及其与其他圈层相互作用的学科，是一门伴随气候变化研究热点而新兴的学科。冰冻圈科学的内涵涉及两个科学层面：一是冰冻圈自身的形成、变化及其气候环境意义；二是冰冻圈与其他圈层的相互作用，这是学科的外延，是冰冻圈科学研究的重点，也是国际学界关注的热点。冰冻圈与其他圈层相互作用是指其他圈层在与冰冻圈相互关联和影响中，冰冻圈起到主要作用的交叉部分。

1.2.2 学科基础

寒区水文学的重要基础除了冰冻圈科学以外，还包括水资源科学、地理学和大气科学。寒区水文研究既涉及冰冻圈水热过程及其相关的基础知识和研究方法，同时也依赖于水文学基础理论、研究手段和方法。从学科划分的角度来看，寒区水文学既是冰冻圈科学的重要组成部分，也是水文学一个特殊的学科分支。寒区水文学的应用建立在冰冻圈水资源的基础上，因此，水资源科学研究中的理论、方法和技术对冰冻圈水资源研究也具有重要的理论指导和实践借鉴作用。

寒区水文学与地理学有着天然的联系。冰冻圈要素的空间分布、时间演化、地带性规律，以及宏观特征的认识均源于自然地理学。在我国，冰冻圈科学被划归为地理学分支学科自然地理学下的一个三级学科，最初被称为冰川冻土学。同时，在地理学中有水文地理学科分支，其与寒区水文学的联系同样非常紧密。

冰冻圈是气候的产物，在气候系统各圈层中，大气圈、冰冻圈、水圈有着密切关系，冰冻圈水循环在其中起着纽带作用。大气圈中的气温、降水是影响冰冻圈进退的关键因子，这一进退过程通过冰冻圈物质的积累和消融表现出来。寒区水文过程在流域、区域和全球不同尺度上又影响着水圈的变化，水圈的变化又会影响到大气圈和冰冻圈。

1.3 寒区水文学特点

1.3.1 复杂性

寒区水文学的复杂性主要体现在三个方面。

(1)冰冻圈要素水文过程复杂多变。以冰川为例，冰面消融、冰下水道汇流等不仅与冰川面积大小、冰川性质、冰川类型有关，还与冰面形态、表碛覆盖面积、冰裂隙发育程度等有关。

(2)冰冻圈要素时空差异性大。例如，不同规模和不同类型的冰川融水径流对气候变化的响应时间存在很大差异，且差异性与气候变化的强度密切相关。

(3)水量平衡要素的复杂性。除冰冻圈自身外，冰冻圈水量循环与平衡要素中的高寒地区降水和蒸散发也十分复杂。降水和蒸散发随寒区环境具有较大的易变性，增加了寒区水文研究的复杂性。

1.3.2 观测的不确定性

寒区水文观测是寒区水文学研究的基础，其不确定性具体表现在四个方面。

(1)冰冻圈诸要素主要分布在高纬度与高海拔的寒冷偏僻地区，存在交通、后勤及人员驻留等方面的困难。

(2)寒区的严酷环境，使得观测的实际操作十分困难。以冰川径流为例，由于处于高山河谷中，冰川径流的观测断面难以抵御夹杂巨大石块的冰川洪水的冲积，观测和维护成本极高。

(3)多年冻土和海冰等一些寒区水文要素目前还无法直接观测。如由于冻土在地表以下一定深度内，多年冻土变化后是否产生了地下径流、径流量多少等，目前还难以通过直接的观测手段获取信息。

(4)寒区水文数据代表差。因为观测受地形影响，不同海拔高度带、不同坡向的水文气象资料等存在较大的差异，给寒区水循环要素的计算带来了很大困难。

1.3.3 气温要素的重要性

寒区河流的径流形成不同于非寒区河流。非寒区河流径流主要受降水控制：降水是主要的控制因素；气温也会对径流产生影响，如气温升高会引起地表蒸散发增大，导致径流减少。寒区河流径流形成过程中水体的固—液转化是寒区水文的基本过程，具有冻结水体的共同特性，径流形成均与热量输入条件(温度为综合指标)有关。可见，寒区河流与非寒区河流的径流形成有很大差异，径流形成受温度的影响更大，温度升高会加剧冰雪消融过程，从而导致径流增加。这也是寒区水文与其他非寒区水文(径流主要取决于降水)的主要差异。

1.3.4 水文功能的特殊性

寒区水文功能的特殊性主要表现在三个方面：水源涵养、水量补给、流域调节。

(1)水源涵养。寒区水资源绝大多数以固态的形式存储，以固态水转换为液态水的方式形成水源，成为世界上绝大多数大江大河的发源地。寒区释放的是历史长期积累的水资源，因此即使在干旱少雨时期，它仍然会源源不断地输出水量，其水源的枯竭则需要经历较大和较长周期的气候波动。

(2)水量补给。冰冻圈中的固态水体，其自身就是重要的水资源，其资源属性表现在总储量和年补给量两方面，冰冻圈对河流的年补给量是地表径流的重要组成部分。

(3)水文调节。丰水年由于流域降水偏多，导致寒区气温往往偏低，由固态水转换的液态水减少，寒区对于河流的补给量下降，削弱了降水偏多而引起的流域径流增加的幅度；反之，当流域降水偏少时，寒区相对偏高的温度导致液态融水增加，弥补降水不足对河流的补给量。因此，寒区水资源的存在，使得河流径流处于相对稳定状态。

1.4 寒区水文信息

专业协会和组织、科研机构和期刊为寒区水文学研究工作提供了大量有用信息。协会和机构赞助会议、提供短期培训、颁布测量标准并且为寒区水文学专家和公众发布信息。科研机构也发布寒区水文的研究成果、数据库以及研究方法。部分寒区水文相关的专业协会、组织和科研机构见表1-1。寒区水文学领域部分专业期刊见表1-2。

表1-1 部分寒区水文信息的专业协会、组织和科研机构

名称	网址
中国冰冻圈科学学会 China Society of Cryospheric Science, CSCS	www.cscs-cas.org.cn
中国科学院冰冻圈科学国家重点实验室 State Key Laboratory of Cryospheric Science, CAS	www.sklcs.ac.cn
中国科学院青藏高原研究所 Institute of Tibetan Plateau Research, CAS	www.itpcas.ac.cn
中国科学院·水利部成都山地灾害与环境研究所 Institute of Mountain Hazards and Environment, CAS&MWR	www.imde.ac.cn
中国极地研究中心 Polar Research Institute of China, PRIC	www.pric.org.cn
国际山地综合开发中心 International Centre for Integrated Mountain Development, ICIMOD	www.icimod.org

续表

名称	网址
西部环境教育部重点实验室 Key Laboratory of Western China's Environmental Systems, Ministry of Education, China	wel. lzu. edu. cn
联合国政府间气候变化专门委员会 The Intergovernmental Panel on Climate Change, IPCC	www. ipcc. ch
美国国家雪冰中心 National Snow and Ice Data Center, NSIDC	nsidc. org

表 1-2 寒区水文学领域部分专业期刊

英文期刊名	中文期刊名	所在国家
Nature Climate Change	自然气候变化	英国
Nature Sustainability	自然可持续发展	英国
Water Resources Research	水资源研究	美国
Water Research	水研究	英国
Advances in Water Resources	水资源进展	英国
Science of Total Environment	总环境科学	荷兰
The Cryosphere	冰冻圈	欧盟
Environmental Research Letters	环境研究通讯	英国
Journal of Glaciology	冰川学杂志	英国
Journal of Hydrology	水文学杂志	荷兰
Journal of Geophysical Research-Earth Surface	地球物理研究——地表	美国
Journal of Geophysical Research-Atmosphere	地球物理研究——大气	美国
Earth-Science Reviews	地球科学综述	荷兰
Earths Future	地球未来	美国
Hydrology and Earth System Sciences	水文与地球系统科学	德国
Environmental Pollution	环境污染	英国
Remote Sensing of Environment	环境遥感	美国

专业术语

中文	英文
冰川水文学	glacial hydrology
冰川跃动	glacier surging
冰冻圈	cryosphere
冰冻圈科学	Cryosphere Science
冻土水文学	permafrost hydrology
寒区	cold regions
积雪水文学	snow hydrology
能量平衡	energy balance
气候变化	climate change
水量平衡	water balance

第2章　冰川基础知识

2.1　冰川的定义及类型

2.1.1　冰川

冰川(glacier)是地球上由降雪和其他固态降水累积、演化形成的处于流动状态的冰体。冰川在其上游积累区内保持源源不断的固态降水补给,经热力和动力变质成冰,在重力作用下流动,并以流于海洋(湖泊)或消融而保持整条冰川的冰体物质收支平衡状态。

全球现代冰川(包括冰盖和冰川)总面积约为 14.8×10^6 km^2,占地球陆地面积的 10%,冰川总储量约为 26.3×10^6 km^3,占全球淡水资源总量的 3/4 以上。我国第二次现代冰川编目结果表明,中国境内共有现代冰川 48571 条,总面积约为 5.18×10^4 km^2,冰川储量约为 4.5×10^3 km^3,居亚洲首位。

图 2-1　老虎沟 12 号冰川(高坛光 摄,2018 年)

2.1.2 冰盖

冰盖(ice sheet)指面积大于 50 000 km^2 的冰川，地球目前只有南极冰盖和格陵兰冰盖两个冰盖。冰盖通常呈穹状，冰流轨迹呈辐散状从冰盖中心地带流向冰盖边缘。冰盖一方面以巨大的冰量、冷储及表面高反照率调节气候变化，另一方面也通过边缘崩解和冰下冷水流驱动全球海洋环流，影响海平面变化。冰盖内保存有大量的反映地球气候、环境、人类活动和外太空事件的记录。目前南极 EDC 冰芯记录序列长达 83 万年，格陵兰 NGRIP 冰芯序列最长达 13 万年。南极冰芯时间序列较长，而格陵兰冰芯时间分辨率较高。

2.1.3 冰川类型

(1)按发育和物理性质分类

该分类方法是中国传统的冰川类型分类分法。主要依据冰川的发育条件及物理性质进行分类，可分为海洋型冰川和大陆型冰川。

海洋型冰川指发育在海洋性气候区内的冰川，其特点主要是高积累量、高消融量，冰体温度接近融点，运动速度快，普遍存在底部滑动，对气候变化的反应非常敏感等。中国海洋型冰川的物质平衡线一般在海拔 5000 m 以下，平衡线附近的年降水量为 1000～3000 mm，年平均气温高于 −6 ℃，夏季(6—8 月)平均气温 1～5 ℃，冰温 −1～0 ℃。冰川运动速度快，年运动速度 100 m/a 以上。冰面消融强度大，冰舌下端年消融深度达 10 m。中国海洋型冰川主要发育在西藏东南部、横断山脉等地。

大陆型冰川指发育在大陆性气候条件下的现代冰川，又分为亚大陆型冰川和极大陆型冰川，主要特点为依赖低温严寒气候提供的冷储条件而存在，降水补给少、表面辐射强烈、成冰作用以渗浸冻结过程为主，冰川主体温度低、运动速度较小、地质地貌作用较弱，冰舌末端位置较高、远离森林带。中国大陆型冰川的物质平衡线一般在海拔 5000 m 以上，平衡线附近的年降水量低于 1000 mm，此类冰川分布范围广，北起阿尔泰山，南至喜马拉雅山，东起祁连山，西至帕米尔，冰川面积约占中国现代冰川的 78%。

(2)按温度状况分类

按照冰川的温度状况，冰川还可以划分为冷冰川、冷温复合冰川和温冰川。冷冰川是指所有冰体温度均低于融点的冰川；冰川下部有一定厚度的融区，其余部分低于融点，这种冰川属于冷温复合冰川；冰川大部分处于融点者属于温冰川。

(3)按形态分类

按形态分类是指根据冰川的形态特征和所占据的地形单元的形态而划分冰川

类型。在国际冰川编目规范中，将冰川类型用 6 位数字表示，依次是主要的分类、形态、前端特征、纵剖面、主要补给来源和冰川活动性 6 个指标。每一个指标下又分为若干项，与上述数字相对应的冰川形态类型有悬冰川（hanging glacier，悬贴于山坡而没有下延到山麓的冰川）、冰斗冰川（cirque glacier，发育于山坡且周围呈椅状洼地的冰川）、山谷冰川（valley glacier，延伸到山谷，且随着山谷地形分布的冰川）和冰帽（ice cap，冰体从中心向四周放射状漫流的冰川）等类型。依据冰川纵剖面和前端特征，又可将悬冰川和冰斗冰川细分为冰斗—悬冰川、冰斗—山谷冰川和坡面冰川等。

2.2 冰川发育

2.2.1 冰川发育条件及要素

温度、降水和地形是冰川形成和发育的三个必要条件。

（1）温度和降水条件

水（降水）、热（气温）及其组合是影响冰川发育的主要气候因子。降水决定冰川积累，气温决定冰川消融，它们的组合决定着冰川的性质、发育和演化。

（2）地形条件

冰川形成和发育最基本的地形条件是山脉（或山峰）的海拔是否达到平衡线以上，山脉或山峰的绝对海拔高度及其在平衡线以上的相对高差是决定山地冰川数量多少及其规模大小的主要地形要素。除此之外，山脉走向、坡向、形态和切割程度等地形要素，通过影响降水、积雪再分配和热量条件而决定冰川形态类型、规模和活动性。

2.2.2 雪线

雪线（snow line）指消融期末积雪存在的海拔下限。由于雪线以上有未消融的雪积累，因而通常有冰川发育。冰川通过运动向下输送物质，冰川的末端部分就延伸到雪线以下。所以，雪线是夏季末裸露冰与粒雪区的界限，因而又称粒雪线。如果冰川上有附加冰带存在的话，粒雪线就是附加冰带的上限，而物质平衡线则为附加冰带的下限。粒雪线是肉眼可见的，而物质平衡线则是通过观测计算得到的。参见“平衡线”和“成冰带”（见本书 2.2.4 节）。

雪线除受气候条件控制外，地形因素也很重要，如坡度、坡向。某一山区或一个区域平均雪线高度被认为是反映气候条件的重要标志，因而又称为“气候雪线”。若局地雪线高度与某一区域的平均雪线高度差异很大，这种异常的局地雪线又被称为“地形雪线”。

冰川发育取决于山体最高海拔高度及其与雪线水平面的对比关系。山体高出雪线的高度越高，冰川发育的规模就越大。除此之外，山脉走向、坡向、形态和切割程度等地形要素，通过影响降水、积雪再分配和热量条件而决定冰川形态类型、规模和活动性。

2.2.3　成冰作用

雪演变为冰川冰的过程，一般称为雪变质成冰的作用过程，简称成冰作用(transformation of snow ice)。雪降落到冰川表面后，随着时间和外界条件的变化，其晶粒的形态和大小逐渐改变，密度也不断增大。新降雪密度很低，一般不超过 0.1 g/cm^3。不同形状的新雪雪花经自动圆化变成大致呈球形颗粒状以后，密度迅速增大到 0.3 g/cm^{3}左右。

外观呈球形颗粒，且密度大于 0.3 g/cm^{3}的雪称为粒雪(firn)。根据热动力学原理，一个系统的自由能越小，该系统就越稳定，而比表面积的减小可以降低系统的自由能。球体的比表面积最小，因而各种形状的新雪会自动逐渐向圆球形颗粒变化，被称为粒雪化或自动圆化。据此，可将自动圆化后变成颗粒状的雪统称为不同粒径的粒雪。根据粒雪颗粒大小和颗粒间的聚合程度，可将粒雪进一步划分为细粒雪、中粒雪、粗粒雪、粒雪冰，等等。粒雪化是冰川冰形成的重要过程之一。

在没有融水参与的情况下，晶粒在自重和上覆雪的压力下相对移动，晶粒之间排列得越来越紧密，并伴随着晶粒粒径和密度增大。当密度达到 0.55 g/cm^{3}以后，烧结和重结晶作用可使晶粒进一步增长，晶粒间的空隙不断缩小，空隙间的气体逸出雪层，密度继续增大。最后当粒雪密度达到 0.83 g/cm^{3}时，粒雪晶粒之间存余的孔隙被封闭成气泡，此时粒雪就变成了冰川冰(glacier ice)。

根据融水参与的程度不同，冰川冰可分为四种类型。

(1)这种由干雪演变成冰川冰的过程较长，可达几百甚至上千年的时间，粒雪变成冰的深度可达几十到上百米，具体取决于当地降水量和气温。0.55 g/cm^3 和 0.83 g/cm^{3}分别被称为干雪机械压密临界密度和气泡封闭或成冰临界密度。这种无融水参与的成冰过程叫作动力成冰过程，形成的冰叫动力变质冰。

(2)在有融水参与的情况下，因融水量、雪层温度以及融水渗浸粒雪层深度的不同，成冰方式和过程长短也有差异。若融水量很小，雪层温度又很低，则融水渗透深度很小，刚浸润粒雪就冻结，称其为再冻结冰。在一个完整年雪层中，再冻结冰所占比例较小，大部分雪层仍然像干雪带一样在无融水参与下缓慢变质成冰。

(3)若融化较强烈、雪层温度虽然为负温但不是很低时，融水可渗透到当年雪层较大深度，并在渗透过程中将雪层温度提高到 0 ℃附近，而且部分粒雪被融化，原来雪层结构也发生一定程度的改变。当降温时，融水以粒雪晶粒为冻结核又重新冻结成冰。这种冰晶粒较再冻结冰大一些，含有气泡，可称为渗浸冰。一个年层中，渗浸冰可占很大比例，剩余的粒雪仍然需要在压力作用下经过缓慢的动力成冰过程。

(4)如果融化非常强烈，雪层温度又较为接近 0 ℃，融水不仅可渗透一个年层，还会渗入下一个年层，或者遇到隔水层(冰层)而聚集。降温时被融水渗透的粒雪层冻结形成的冰与渗浸冰类似，在隔水层附近聚集的水冻结形成的冰则不含气泡而透明。这种被融水浸泡雪层重新冻结并夹杂融水冻结的冰，被称为渗浸—冻结冰。

2.2.4　冰川带(成冰带)

冰川带(zones in a glacier)是指根据一条冰川上不同高度带的水热条件差异导致的成冰过程不同而划分出的区带，或者主要根据冰川表面和雪层特征划分出的区带，也称成冰带。由雪到冰的变质过程主要发生在冰川的积累区，即平衡线高度以上的区域。消融区也存在雪变成冰的现象，但至消融季节末，不仅这些冰雪会完全消融掉，还会消融一些原来的冰。

欧美、俄罗斯(苏联)和中国对冰川带的划分有所不同。欧美学者主要根据冰川表面和雪层特征来划分，冰川的完整成冰带谱自上而下包括干雪带、渗浸带、湿雪带和附加冰带，附加冰带以下为消融带，自上而下各带之间的界限分别为干雪线、湿雪线、雪线和平衡线(图 2-2)。不同类型冰川的成冰带谱不同，即使同一类型的冰川之间也会存在差异。一般山地冰川并不具有完整的成冰带谱，尤其是缺乏干雪带。

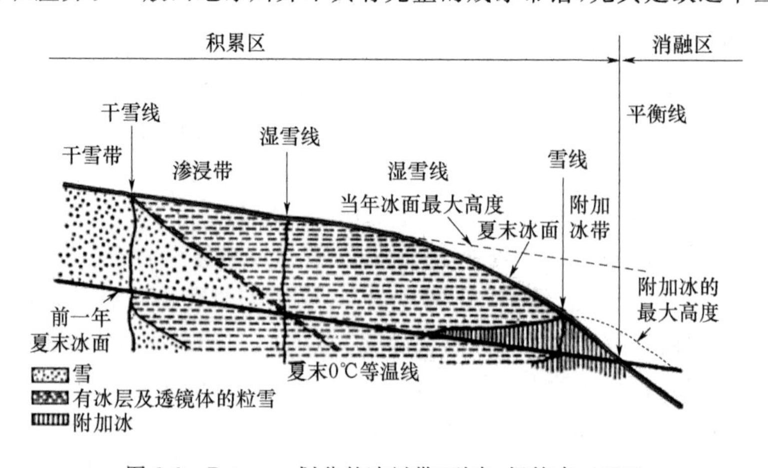

图 2-2　Paterson 划分的冰川带(引自：佩特森，1987)

苏联学者按成冰作用机制划分出的带谱为：重结晶带或雪带、再冻结—重结晶带、冷渗浸—重结晶带、暖渗浸—重结晶带、渗浸带、渗浸—冻结带和消融带。中国对冰川带的划分,20 世纪 80 年代以前主要采用苏联的方案,以后又引入了欧美的概念,但某些术语仍在采用苏联的,如成冰带(欧美则称冰川带)。

(1)消融带。平衡线以下物质平衡为负的消融区。冷冰川和冷温复合冰川的消融带在消融期初可能在雪线下的冰面上形成附加冰,但在强消融期会融化殆尽。

(2)附加冰带。位于平衡线之上。此带夏季融水充分,融水和粒雪的混合物冻结成冰连成整体,覆盖在上一年形成的冰上,故称附加冰。消融期末,附加冰带冰面裸露。融水除在本带内成冰外,还有部分流失。附加冰完全在融点下演变而成。

(3)湿雪带。位于附加冰带之上,又叫渗浸带、暖渗浸带。此带到了消融期末,本年度(物质平衡年)积累的雪层全部达到融点,并且有融水渗滤到上一个年层里,但不能使之全部达到 0 ℃。形成的冰层、冰透镜体和冰腺被粒雪所分隔,没有融水从此带流失。

(4)渗滤带。位于湿雪带之上,又叫渗浸带。此带表层有些融化,有融水渗滤,在粒雪里形成数量不多的冰层、冰透镜体和冰腺,并使一定深度的雪粒雪层升温至融点。但到消融期末,本年度积累的雪层未全部达到 0 ℃。没有融水到达上一个年度的粒雪层里。

(5)干雪带。位于渗滤带之上,即使最热月份也不发生融化。

2.3　冰川物质平衡

冰川物质平衡指单位时间内冰川上以固态降水形式为主的物质收入(积累)和以冰川消融为主的物质支出(消融)的代数和。冰川物质平衡由冰川区能量收支状况所决定(图 2-3)。冰川物质平衡与气候环境密切相关,物质平衡又影响冰川一系列物理特征,如成冰作用、温度状况、运动特征以及冰川规模的变化。因此,物质平衡是冰川与气候环境之间相互作用的关键链条。同时,冰川作为一种重要的水资源,在水资源管理以及冰川灾害方面,冰川物质平衡的研究具有极为重要的地位。

2.3.1　积累

积累(accumulation)指冰川收入的固态水分,包括冰川表面的降雪、凝华、再冻结的融水,以及由风及重力作用再分配的吹雪堆、雪崩堆等。冰川区降雪是冰川积累的主要来源。降落于冰川积累区的降雪,经过雪晶的变形、雪层密实化和成冰作用等过程,转化为冰川冰。由雪转化为冰的时间长短,因成冰作用机制的不同而有较大差异。对于发育于陡峻山区的冰川,冰川补给除直接降雪外,两侧山坡上的冰崩及雪崩补给也是冰川积累的重要来源。风吹雪(snow drifting)是山地冰川获得补

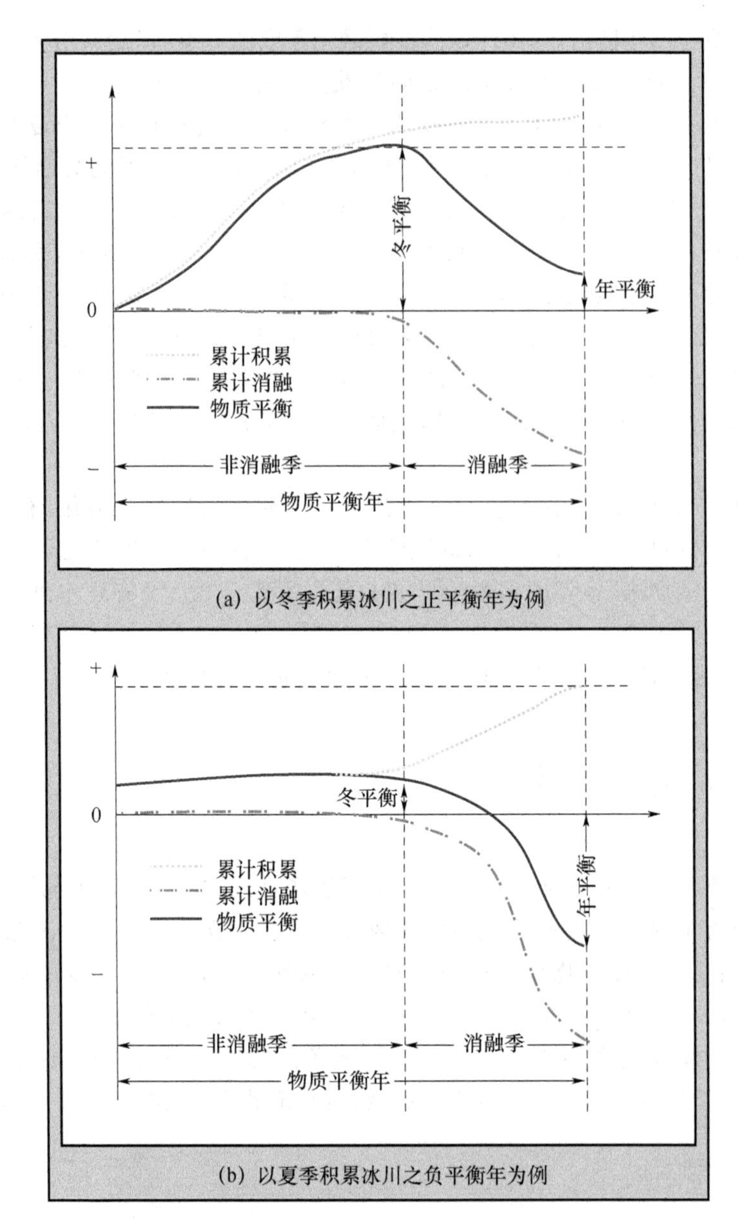

图 2-3　冰川物质平衡年内过程及相关定义(上图为以冬季积累型冰川正平衡年，下图为以夏季积累型冰川负平衡年，引自:秦大河，2016)

给的另一种重要途径。积累区两侧山坡及山顶积雪可在风力的作用下搬运至冰川表面。对于年降水量相对较少的地区，如我国天山西部、昆仑山、喀喇昆仑山及羌塘高原的冰川，风吹雪能够扩大冰川的补给区，对冰川物质平衡起到重要作用。

2.3.2 消融

消融(ablation)是对冰川失去冰雪物质的一切过程的统称,指冰川固态水的所有支出部分,包括冰雪融化形成的径流、蒸发、升华、冰体崩解、流失于冰川之外的风吹雪及雪崩等。其中,以冰雪融化形成径流而流出冰川系统为主要方面。在冷型冰川上,部分融水下渗后重新在粒雪、冰面或裂隙中冻结,这部分融水不造成冰川的物质支出,称为内补给。当冰雪面气温高于 0 ℃时,冰雪物质达到融点而发生由固体向液体的相态转换。除裂隙和融洞外,由于冰面为不透水面,冰面径流向冰川下游汇流,一部分水量可能暂存于汇流路径上的冰川储水构造内,而另一部分水量则通过冰川末端出水口离开冰川。

冰川表面积雪消融过程较为复杂。表面积雪消融后渗入雪层,一部分水量在纵向或侧向的迁移过程中,由于积雪冷储的释放而重新冻结于雪层中部或底部;而另一部分水量被吸附于雪粒间,使得积雪含水量增加。当积雪含水量达到饱和时,产生融雪径流。当冰川上部的融雪径流抵达裸冰区后,将与冰面径流汇合,并经冰川排水系统离开冰川。积雪升华和融水蒸发也是冰川消融的一个重要方面。升华和蒸发都是冰川吸收潜热的表现,因而与近地表层的风速、气温、雪(水)温和下垫面特征等有关。气温升高和风速增大都有利于潜热的吸收。由于冰川融水的温度维持在较低水平(0～3 ℃),融水蒸发与常规水体相比程度较小。

风吹雪和冰崩两个因素,它们既是冰川常见的积累形式,也是冰川重要的消融途径。

风吹雪(snow drifting)是指由气流挟带起分散的雪粒在近地面运行的多相流或由风输送的雪。风从地面吹起的雪低于 2 m 高度时称为低吹雪;高于 2 m 且由于吹雪造成水平能见度小于 10 km 时称为高吹雪;雪随暴风而行,风速达 17.2 m/s 以上,伴有强烈降温,水平能见度小于 1 km 时称为暴风雪。

风吹雪对自然降雪有重新分配的作用,对积雪区雪的物质平衡和冰川物质平衡具有重要的影响。同时,风可造成空气中雪粒的升华磨蚀,增强从雪面向大气的水汽通量输送。在高山地区,风所造成的雪的再分布对雪崩的形成具有极其重要的作用,并与植被的生长有密切的联系。在积雪区,风输送的雪沉积形成的吹雪堆对人类活动有较大影响,在建筑物、公路和铁路等的设计中,吹雪堆的预防或减轻雪的堆积都是需要考虑的重要因素。风吹雪造成的雪的重新分配和堆积,给冰雪内的环境气候记录也造成了困难。

冰崩(ice avalanche)是指在重力作用下冰川冰从冰川陡峻处或冰架边缘处崩落的现象。受海洋影响,以崩解为冰量损失的冰川广泛分布于冰储量巨大的两极及其周边区域。崩解作用对山地冰川也有一定影响。发育于山区的悬冰川、冰斗冰川及两者之间的过渡型冰川（冰斗—悬冰川），由于冰舌末端常终止于陡峭的山坡上，在重力、气候等作用下，末端的部分冰体易发生崩解而脱离冰川。冰崩可能补给发育于下方沟谷的其他冰川，使冰川积累，或者在坡度平缓处形成堆积。如果堆积冰体的消融速率小于崩塌造成的补给速率，则冰量不断增长，从而形成再生冰川。实际上，上部的冰川源头和下部的再生体构成了一个冰川的两个部分，但与普通冰川相比，其积累区和消融区的衔接形式由连续的冰量补给转变为间歇性的物质补充。

2.3.3　净平衡及平衡年

两个相邻年份同一日期之间冰川物质收支的净变化称为年物质平衡，简称年平衡或净平衡。常用净平衡公式如下：

$$b = a - m \tag{2.1}$$

式中：b 为净平衡（m），a 为积累区平均增加深度（m），m 为消融区平均减少深度（m）。这里的深度都是水当量换算高差，即变化的冰的体积（ΔV）换算成水的体积即水当量（$\Delta V \times \rho_{water}/\rho_{ice}$，或者 $\Delta V/0.9$）后，除以相应的积累区（或消融区）面积。

平衡年是以夏季末冰川物质最少的日期为起始，至下一年度冰川物质量最少的日期为终止的时间步长。平衡年准确界定了冰川物质收支变化的时间，具有明确的物理意义，但由于气候波动，同一冰川各年的起始时间和平衡年时间长短存在差异，冰川间的差异更为显著，因此，不便于物质平衡资料间的对比，也不便于利用水文气象等其他资料进行分析和模拟。为此，产生了以水文年为参考的固定日期方案。在北半球，水文年的时间为 10 月 1 日至翌年 9 月 30 日。在中国，冰川中部一般在 8 月底停止消融，因此在中国冰川研究中，物质平衡年一般为 9 月 1 日至翌年 8 月 31 日。对于中低纬度的海洋性冰川和部分大陆型冰川，由于消融期可能延续至 9 月底，其物质平衡年也可与水文年相同。

冰川年物质平衡是年内冰川总积累量和总消融量的算术和。对于降雪和气温季节性变化显著的中低纬度冰川区，常以平衡年中冰川物质达到最大值的日期为界限，将年平衡分为冬平衡和夏平衡，分别量化冬季降雪和夏季消融对于冰川物质平衡的贡献。

由于冰川从源头到末端随海拔降低逐渐展开，不同地方的积累量和消融量均有较大差异，因此引入比平衡（specific balance）的概念。在空间上，具体点的物质平衡特征值，称为比平衡。一个平衡年内某点的比平衡，称为比平衡率或比净平衡。沿冰川主流线选取一些特征点，将这些点的比净平衡随海拔的变化绘制于图上，可得到该冰川的物质平衡梯度曲线。

2.3.4　物质平衡梯度

对于大多数山地冰川而言，冰川的积累量和消融量总是随海拔的变化而表现出递增或递减的变化趋势。因此,可用积累梯度和消融梯度分别表示海拔纵向上积累和消融的变化率,两者的总和即为物质平衡梯度,定义为比净平衡随海拔的变化率。

物质平衡梯度能够从直观上反映出局地气候对于冰川物质平衡的影响。较大的物质平衡梯度表明,冰川积累区上部的降雪量丰富而冰舌部分的消融异常强烈。此类冰川主要发育在降水充沛且冰川末端海拔较低的中纬度地区。相反,较小的物质平衡梯度反映出冰川在纵向上的积累及消融的变化较小,且总量较低,冰川物质更新速度缓慢。发育在寒冷干燥地区的冰川多表现出这种物质平衡梯度特征,如我国青藏高原腹地的极大陆型冰川。

在冰川消融区,气温随海拔升高大致呈现出线性降低的变化特征,气温梯度为(−0.4～−0.9) ℃/100 m。由于受气温影响的大气长波辐射和感热通量对冰雪消融起主要作用,冰川消融量随海拔的变化也表现出近似线性的变化特征,在物质平衡梯度曲线的下部表现为平直的线,线的斜率即为消融梯度。冰川消融区的平均气温越高,消融梯度则越大,曲线则越陡。发育在中国喜马拉雅山、天山、喀喇昆仑山等地区的大型山谷冰川,由于冰舌部分常被大量连续的表碛所覆盖,消融量随高程表现为非线性变化。连续表碛覆盖主要是冰川中上部的岩石碎屑随冰、雪崩进入冰川,并随冰川运动在冰舌处融出而富集,或冰川底部岩石碎屑在冰川运动作用下沿冰层薄弱处挤出而形成,表碛厚度从冰川末端向上逐渐减小。由于厚层表碛对冰面消融有强烈的抑制作用,冰川消融速率在冰舌部分表现出随海拔升高而逐渐增大的特点,随着表碛厚度的不断减薄,表碛的隔热作用逐渐减弱,冰舌中上部裸露冰面逐渐显现,由此至平衡线附近消融速率才表现出随海拔增加而减小的规律。

与消融梯度受气温控制不同,冰川积累梯度的变化主要受降雪的纵向变化控制。对于许多山谷冰川及冰斗冰川,降雪量随海拔升高而近似线性增大,冰川积累量也表现为线性变化。而在许多山地冰川,由于源头海拔很高、气温低,多数上升水汽尚未到达最高海拔地区就因凝结而形成降水,形成一个最大降水高度带,因而积累区的降雪随海拔高程呈现出非线性变化,即从平衡线起,先随海拔升高而逐渐增加,达到某一高度后又逐渐减小。这种降水分布特征在喜马拉雅山、喀喇昆仑山及天山等高海拔地区的山地冰川较为常见。此外,在南北极地区的冰盖及大型冰帽也广泛存在降雪随海拔增加而递减的现象,这是由冰川末端靠近水汽丰富的海洋,而极地内陆远离海岸且异常寒冷,水汽输送量很小所致。

2.3.5　物质平衡率

由于不同冰川区的气候和地形等条件存在差异,其物质平衡曲线也表现出显著差别。但为了对不同冰川之间积累和消融的相对变化进行比较，提出了物质平衡率的概念。物质平衡率定义为消融梯度和积累梯度的比值，能够揭示出冰川的消融与积累速率的对比关系。北美阿拉斯加及西北部的部分海洋型冰川的物质平衡率为1.5～2.2，高亚洲地区的大陆型冰川的物质平衡率为4～12。低纬度地区的冰川由于全年均发生消融，具有较大的物质平衡率。

通常情况下，物质平衡率较小的冰川拥有较大的消融区，中高纬度的许多冰川均属此类型；相反，物质平衡率大的冰川，其消融区可能较为狭小，如发育在低纬度热带及亚热带的冰川，平衡线距冰川末端的距离较其距源头的距离要小得多。对于表碛覆盖型冰川，由于消融梯度的非线性变化，根据物质平衡率来判断消融和积累的关系则不具备实质性意义。

2.3.6 平衡线

冰川积累区接收雪冰物质，但在夏季由于0 ℃线的上移，也有部分雪冰发生消融；同理，冰川的物质损失主要发生在消融区，但冬季消融区内的降雪也构成了冰川的积累。因此，在积累区和消融区之间就可能存在着一个界线，该界线处一个平衡年内的积累量等于消融量，这个界线就称为平衡线(equilibrium line)，其海拔高度称为平衡线高度。平衡线高度的变化与冰川区气候(特别是降雪和气温)密切相关，是冰川—气候相互作用的直接反映。平均气温的持续上升可能导致冰川消融加剧，使冰川处于持续的物质负平衡状态，平衡线高度不断升高；相反，降雪的增大可能使得冰川积累增加而处于正平衡状态，平衡线高度不断降低。

冰川处于零平衡(积累量等于消融量)时的平衡线高度称为稳定态平衡线高度，表明在某一特定气候条件下，冰川处于均衡物质输入和输出状态。由于气候的不断波动，现实情况下很难出现冰川消融量完全等于积累量的情况。因此，稳定态平衡线高度是衡量当前物质平衡状态相对于稳定状态偏离程度的理想化指标：平衡线高度与稳定态平衡线高度的差值越大，则冰川物质平衡状态与平衡态相距越远，正值表明冰川在加速萎缩，负值则表明冰川在不断发育。稳定态平衡线高度可利用长序列净平衡和平衡线高度数据，通过回归分析获得。稳定态平衡线高度是与当前气候的平均状态相适应的，当气候系统发生根本性改变后，稳定态平衡线高度也随之改变。当稳定态平衡线处于冰川源区附近或超过源区的海拔时，则表明冰川已经失去了发育的基本气候条件，冰川将很快消亡或在此之前就因为持续的物质负平衡而消亡；反之亦然。

平衡线高度波动是反映气候变化的良好指标。由于平衡线上的年消融量能够完全为年积累量所抵消，所以平衡线附近的气温和降水具有良好的对应关系。通过对某条或某一地区多条冰川的长期观测，就可以获得针对某一冰川或某类冰川的平衡线处的气温—降水曲线。如果通过冰芯、树木年轮或深层地温等历史气候代用指标获得历史时期的气温数据，则可以利用这一关系曲线获得历史时期平衡线处的降水资料。因此，历史平衡线高度的恢复能够为冰川区乃至区域历史时期气候信息的重建提供有效的方法。常用的平衡线高度恢复方法包括平衡率法、积累区面积比率法、侧碛最大高程法和头尾高程比率法等。

2.4　冰川分布及水资源

2.4.1　全球冰川及水资源分布

地球陆地表面水体中的 89%以冰川的固态水体形式分布在南极大陆，其余六大洲地表水的总量仅占全球地表水的 11%，而这 11%中有 10.16%还是冰川水体。冰川作为优质淡水资源，在世界的分布极不均衡。但从山岳冰川来看，有 67%分布在最需要淡水资源的中低纬度带，无异于甘露。

IPCC 第五次评估报告编制的 Randolph 冰川目录(RGI 2.0)显示，截至 2010 年，全球约有 17 万条冰川，总面积约为 73×10^4 km^2，其中高亚洲地区冰川总面积占全球的 16.6%。全球冰储量约为 $114000\times10^9\sim192000\times10^9$ t。全球冰川正在经历广泛退缩，2006—2015 年南极和格陵兰冰盖的冰川冰量损失的平均速率分别约为 155 km^3/a 和 278 km^3/a，除冰盖之外的冰川冰量损失的平均速率为 220 km^3/a。

表 2-1　世界冰川区域分布

地区	冰川条数	面积/km^2	占区域面积比率/%	冰川水资源*/10^4 km^3
北极岛屿	4035	98 655.7	13.5	2.563
阿拉斯加	23 112	89 267	12.3	1.983
美国和加拿大	25 733	159 094.4	21.9	3.857
欧洲	5259	3183.7	0.5	0.018
亚洲	71 431	123 587.8	17.0	1.095
南半球	21 607	33 076.4	5.3	0.518
格陵兰	13 880	87 125.9	12.0	1.41
南极区域	3274	132 267.4	18.2	3.491
总计	168 331	726 258.3	—	14.94

注：* 海洋面积按照 362.5×10^6 km^2 计算(引自 IPCC(2013)，有修改)。

2.4.2 中国冰川分布及融水径流

第二次中国冰川编目（CGI-2）确定中国现代冰川条数共 48 571 条，面积 51 766.08 km^2，约占世界冰川（除南极和格陵兰冰盖）面积的 7.1%，冰储量为 (4494.00±175.93) km^3。中国西部自北向南依次分布有阿尔泰山、天山、帕米尔高原、喀喇昆仑山、昆仑山和喜马拉雅山等 14 座山脉（系），由于这些山体的巨大高度，为冰川形成提供了广阔的积累空间和有利于冰川发育的水热条件，从而发育了数量众多的冰川（表 2-2）。

表 2-2　中国各山系冰川数量分布（丁永建，2016）

山系（高原）	冰川数量		冰川面积		冰储量	
	数量/条	比例/%	面积/km^2	比例/%	储量/km^3	比例/%
阿尔泰山	273	0.56	178.79	0.35	10.50±0.21	0.23
穆斯套岭	12	0.02	8.96	0.02	0.40±0.03	0.01
天山	7934	16.33	7179.77	13.87	707.95±45.05	15.75
喀喇昆仑山	5316	10.94	5988.67	11.57	592.86±34.68	13.19
帕米尔高原	1612	3.32	2159.62	4.17	176.89±4.63	3.94
昆仑山	8922	18.37	11 524.13	22.26	1106.34±56.60	24.62
阿尔金山	466	0.96	295.11	0.57	15.36±0.65	0.34
祁连山	2683	5.52	1597.81	3.09	84.48±3.13	1.88
唐古拉山	1595	3.28	1843.91	3.56	140.34±1.70	3.12
羌塘高原	1162	2.39	1917.74	3.70	157.29±3.11	3.50
冈底斯山	3703	7.62	1296.33	2.50	56.62±3.43	1.26
喜马拉雅山	6072	12.50	6820.98	13.18	533.16±8.71	11.87
念青唐古拉山	6860	14.12	9559.20	18.47	835.30±31.30	18.59
横断山	1961	4.04	1395.06	2.69	76.50±2.41	1.70
总计	48 571	100.00	51 766.08	100.00	4494.00±175.93	100.00

冰川作为中国淡水资源的重要组成部分，在中国特别是西北干旱区水资源的开发利用中占有很重要的位置。根据最新的冰川水文模型计算得出，1962—2006 年中国冰川多年平均年径流总量约为 63 km^3，约为全国河川径流量的 2.2%，多于黄河入海的多年平均年径流总量，相当于我国西部甘肃、青海、新疆和西藏 4 省（区）河川径流量（576 km^3）的 10.5%。

从各山系冰川融水径流水资源的数量来看，念青唐古拉山区最多，约占全国冰川融水径流总量的 35.3%；其次是天山和喜马拉雅山分别占 15.9% 和 12.7%；阿尔金山最小，不足 1%（表 2-3）。

表 2-3　中国西部山区冰川及冰川融水径流（丁永建，2016）

山系（高原）	冰川面积/km^2	冰川融水径流量/km^3	占全国冰川融水径流量比例/%
祁连山	1930.51	1.03	1.9
阿尔泰山*	296.75	0.39	0.6
天山	9224.80	9.63	15.9
帕米尔高原	2696.11	1.54	2.5
喀喇昆仑山	6262.21	3.85	6.4
昆仑山	12 267.19	6.19	10.2
喜马拉雅山	8417.65	7.66	12.7
羌塘高原	1802.12	0.93	1.5
冈底斯山	1759.52	0.94	1.6
念青唐古拉山	10 700.43	21.33	35.3
横断山	1579.49	5.00	8.3
唐古拉山	2213.40	1.76	2.9
阿尔金山	275.00	0.14	0.2
总计	59 425.18	60.47	100.0

注：* 包括穆斯套岭面积为 16.84 km^2 的冰川。

2.5　冰川物质平衡的计算

当已知单条冰川各观测点的物质平衡数据后，即可利用各点所代表的冰川面积，采用面积加权的方法获得一段时间内冰川的净平衡。常用的面积加权方法包括等高线法和等值线法。

（1）等高线法

根据冰川面积、冰川作用正差①、测点密度等，将冰川自上而下划分为若干高度带，并假设同一高度带内的各点具有相同的比净平衡。将同一高度带内测点的物质平均，得到该高度带的净平衡，依据下式计算全冰川净平衡：

$$b_n = \sum_{1}^{n} s_i b_i / S \tag{2.2}$$

式中：s_i，b_i分别为两相邻等高线间的投影面积（m^2）和平均净平衡（m）；n 为高度带数

① 冰川作用正差（positive difference of glaciation）是指冰川雪线（或平衡线）与该冰川流域最高海拔之间的高度差。冰川作用正差越大，越有利于大型冰川发育。

量;S 为冰川面积(m^2)。

(2)等值线法

当冰川物质平衡的测点较多时,可利用等平衡线法计算物质平衡。将各测点的净平衡值标示于大比例尺地形图上,并据此利用克里金插值方法生成等平衡线图,依据下式计算全冰川净平衡:

$$b_n = \sum_{1}^{n} \mathring{s}_i \mathring{b}_i / S \tag{2.3}$$

式中:$\mathring{s}_i$,$\mathring{b}_i$分别为两相邻等平衡线间的投影面积(m^2)和平均净平衡(m);n 为平衡线带数量;S 为冰川的总投影面积(m^2)。

在年净平衡等值线图中,$b_n = 0$ 的等值线就是当年平衡线的位置,$b_n > 0$ 的地区为积累区,$b_n < 0$ 的地区为消融区。因此,绘制物质平衡等值线图的优点是能够直观地了解冰川物质平衡的空间分布,并通过不同年份等值线图的比较,了解物质平衡及平衡线随时间的变化。

等值线图的准确性在很大程度上取决于冰川物质平衡测点的密度和观测精度,测点越多,则等值线图越可靠。当物质平衡测点过于稀疏时,等值线图的误差将显著增大。因此,在观测点较少的冰川上,不宜使用等值线法计算物质平衡,可考虑使用等高线法或其他方法进行计算。

思考

(1)冰川物质平衡直接反映冰川的物质积累与损失,在全球变暖的大背景下,冰川持续退缩,普遍呈现负平衡的状态,但在青藏高原西部受西风环流影响的区域,主要是西昆仑—喀喇昆仑山冰川区,该区域冰川自 20 世纪 90 年代初开始不再出现退缩趋势,而是呈现出阶段性的微弱平衡,慕士塔格冰川甚至呈现前进的状态,请思考造成这一异常现象的可能原因。

(2)青藏高原的雪线由东向西或由东南向西北升高,在青藏高原西北侧达到雪线的最高值(海拔 5800～6000 m),而青藏高原东侧雪线较同纬度西部降低 1000 m 以上。在西藏东南部,即雅鲁藏布江大拐弯处的低凹地形构成了从孟加拉湾北上的水汽通道,其降水十分丰沛,这里雪线最低至海拔 3400 m,并呈舌状向北伸延。喜马拉雅山南坡(28°～29°N)也由于降水大幅度增加而使雪线下降至海拔 5400 m,较其北坡平均雪线低 600 m 左右,出现了南(坡)低北(坡)高的异常现象。以上所说的雪线高度分布是宏观的大体情况,具体到一个山区,由于冰川所处坡向、朝向及积累和消融条件的不同,短距离内雪线高度也可能有数百米的差别。请思考,是什么原因导致青藏高原雪线出现如此的空间分异?

专业术语

中文	英文
冰崩	ice avalanche/ice fall
冰川	glacier
冰川冰	glacier ice
冰斗	glacier cirque
冰斗冰川	cirque glacier/corrie glacier
冰斗山谷冰川	cirque-valley glacier
冰盖	ice sheet
成冰带	zones in a glacier
成冰作用	transformation of snow ice
重结晶作用	recrystallization
风吹雪	drifting snow/blowing snow
复合冰斗	compound cirques
复式山谷冰川	composite valley glacier
积累	accumulation
晶粒	grain
净平衡	net balance
粒雪	firn
粒雪盆	firn basin
平顶冰川	tabular berg
平衡线	equilibrium line
平衡线高度	equilibrium-line altitude,ELA
山地冰川	alpine glacier/mountain glacier
山谷冰川	valley glacier
烧结(作用)	sintering
深霜	depth hoar
物质平衡	mass balance
消融	ablation
悬冰川	hanging glacier
雪线	snow line

第3章　冰川消融过程

3.1　冰川的消融形式

冰川消融(glacier ablation)主要有裸冰消融、表碛覆盖的冰川消融、冰崖消融和冰内及冰下消融四种形式。

3.1.1　裸冰消融

裸冰(bare ice)即没有雪覆盖的冰川冰。裸冰消融指较为平整的裸露冰面上的消融过程,是大多数冰川的主要消融区,也是冰川融水的主要来源。影响裸冰消融强度的因素包括气温、太阳直接辐射、大气长波辐射、地表反照率、地形遮蔽度等。

3.1.2　表碛覆盖的冰川消融

发生在有表碛覆盖的冰面消融,称为表碛覆盖的冰川消融。表碛(surface moraine)是指发育于陡峻山谷中的大型冰川,由于冰雪崩及冰川运动对基岩的侵蚀,常带来丰富的岩石碎屑,并在冰舌部分形成连续的表碛覆盖。表碛的厚度对于冰川消融具有两面性,较厚的表碛对其下冰面的消融起到了强烈的抑制作用;但薄层表碛则由于其隔热作用微弱,且地表反照率降低,冰面吸收的太阳辐射增加,表碛覆盖反而会促进冰面的消融。

3.1.3　冰崖消融

发生在冰崖裸露冰面的消融,称为冰崖消融。冰崖(glacier cliff/ice cliff)指因冰体断裂、坍塌、差异消融等形成的陡峻冰坎或冰坡,是冰川运动、热力作用和水力作用的产物,同时对冰川物质平衡、冰川融水径流、冰川运动和地貌形态等具有重要影响。冰崖的形态不拘一格,规模也相差很大。较小的冰崖长度仅为 2～3 m,中心高度小于 1 m;而大型的冰崖长度超过 300 m,中心高度可达 40 m 以上。由于冰崖的分布处于消融区的下部,其裸露冰面消融异常强烈。

3.1.4　冰内及冰下消融

发生在冰川冰内部或者冰川冰下方的消融，称为冰内及冰下消融。在冰川的内部和底部，由于冰川垂向的结构差异，以及冰川运动、水力及热力对冰川的侵蚀作用，常会发育复杂的排水通道。地面融水径流通过冰裂隙、冰川竖井等进入冰川内部，并沿冰内的排水通道向下游迁移。由于融水对通道侧壁和底部的动力冲刷和热力侵蚀作用，部分冰体发生消融并汇入其中，冰内通道随之扩大。冰川底部在有大量融水通过时也发生着类似的过程。此外，来自于底部基岩的热量也能够促进冰川底部的消融。冰内及冰下的融水量因为难以监测，通常在冰川融水模拟中忽略不计。

3.2　冰川汇流

冰川融水从产生到流出冰川系统经历了较为复杂的水量迁移过程。融水可以通过冰川表面、冰内和冰下三种途径抵达冰川末端，而这三种途径又相互沟通，构成了复杂的冰川排水系统。

影响冰川汇流的因素，除常规的地形坡度以外，主要有冰川类型、长度、表碛和冰湖特征、积雪分布面积及厚度、冰裂隙及其分布特征等。若冰面有表碛覆盖，则冰面汇流会受表碛覆盖特征的影响，从而增加了汇流过程的复杂性，在一定程度上延缓了汇流时间。不同类型、不同大小冰川的排水系统和汇流过程也有较大差异。小型山地冰川基本不发育冰川裂隙和水下通道，汇流主要发生在冰面，汇流时间主要与冰面坡度和长度有关；对于中大型山地冰川，或者具有水下通道的海洋型冰川，其汇流途径复杂多变。此外，冰湖的蓄水或溃决过程、冰内裂隙和冰下通道的形成与演变，都会不同程度地改变汇流过程及时间。

3.2.1　冰面汇流

在微地形及冰面结构的影响下，冰面产生的融水会迅速沿冰面向低洼处汇集。如果冰面流比较集中且水量较大，则冰面能够在水流的动力冲刷和热力侵蚀作用下形成冰面河。冰面河的深度与其形成时间的长短和输送水量的大小等有关，从数厘米到数米不等，河的两侧陡直，底部平整、光滑。在冰盖、冰帽及大型山谷冰川的消融区，冰面河可能相互连通而形成巨大的排水系统。与流域的地表径流网络相比，冰面汇流存在着显著的特点：水系发达，但干流发育弱；冰面河的局地分布呈现平行的趋势；冰面水系的密度自下游向上游递减；冰面河位置不固定，变化较快。图 3-1 所示为新疆木斯岛冰川的冰面汇流。

图 3-1　新疆木斯岛冰川的冰面汇流(高坛光 摄,2018 年)

3.2.2　冰内汇流

多数山地冰川和小冰帽的冰面水系的发育程度有限,仅有少部分冰川融水沿冰面到达冰川末端。当冰面径流被冰裂隙(glacier fissure/ice crevasse/crevasse,指冰川流动过程中,当冰的张力超过冰的抗张强度时,断裂形成的裂缝)所截流,会形成冰川竖井(glacier moulin/glacier mill/glacier well,指冰雪融水沿冰裂隙进入冰川内部并与冰下河道相连接的通道)。进入冰川内部的融水一方面对冰川产生冲蚀作用,另一方面加强融水流经之处的冰体融化。冰川竖井同喀斯特地貌中的落水洞有类似的形态,多发育于冰川结构比较脆弱的位置,如冰裂隙、不同密度冰层的结合部等。

大部分融水是通过冰裂隙或冰川竖井进入冰内或冰下,通过冰川内部和底部的排水系统输送至出口。受输入水量多少和排水能力大小的影响,冰川竖井内的水位变化较为剧烈。除冰川竖井及其连接水道外,冰川内部还发育着很多横向水道,水道直径从冰川上部的数毫米到消融区的数米不等。这些水道呈树枝状或呈辫状交错分布,同冰川竖井一道构成了冰内的排水系统。这些水道可能源于积累区粒雪内的水流管路,或者由冰裂隙的闭合线演化而来,或者因成冰作用而保留下来,后经流水的融蚀作用发展壮大。

冰内及冰下水体一般有以下四个来源:①冰川表面消融,包括冰面融水和降雨通过冰裂隙或冰川竖井(图 3-2)进入冰川底部;②冰川底部融化,可能因冰床摩擦或地热造成;③冰下排水通道管壁的融化,造成融化的热量来自于水流的湍流热交换,这部分的量较少;④其他蓄水体,如支流河、湖流入冰川的水体。

图 3-2 冰裂隙(左)与冰川竖井(右)(高坛光 摄,2016 年)

3.2.3 冰下排水

冰面融水通过冰裂隙及冰川竖井等构造进入冰川后,只有少部分能够完全沿冰内通道到达冰川末端,大部分融水则最终到达冰川底部,并由冰下的排水系统流出冰川。冰下水系的发育与融水量、冰川底部下界面温度、冰床的地形条件等有关。冰下水系可归为两类:分散式排水系统和分布式排水系统。

分散式排水系统是指冰下的水道呈树枝状分布,所有支流最终汇集到若干条干流中而到达冰川出水口。分散式排水系统中水道仅占冰床面积的一小部分。由于水量集中,分散式排水系统的水流速度快,输水效率较高。

分布式排水系统是指冰下水系呈面状分布,且占据了较大或全部的冰床面积。分布式排水系统有水膜、连通穴、辫状流和孔隙流四种形式。

3.3 冰川储水

冰川融水在向冰川末端迁移的过程中,可能因排水不畅而滞留于冰川中,造成冰川融水的存储。冰川的储水构造包括积雪和粒雪层、冰裂隙、冰川湖、冰内空腔、冰下空穴及冰川的排水网络。存储于冰川中的融水会随新生融水的汇入和储水构造的变化而排出，其时间尺度从数日到数年不等，会对冰川末端融水径流的变化产生重要影响。

冰面湖是山地冰川上常见的一种冰面储水构造，常发育于冰川消融区的低洼或排水不良地带。通常随着冰温逐渐达到压力融点，以及冰内排水通道扩张加剧，最终与湖底或湖岸相通，冰面湖溃决。若冰川温度始终低于压力融点，冰面湖则可能存蓄数年，直到因动力或热力作用使排水通道打开而溃决。除冰面湖外，在冰川末端形成的冰碛和冰川阻塞湖也可拦截大量冰川融水，并影响冰川水文过程。

3.4　冰川融水特征

冰川融水(glacier meltwater)是冰川冰和冰川表面雪融水汇入河道形成的径流。冰川融水具有以下特征。

(1)季节性。对于绝大多数冰川而言，径流主要发生在日平均气温稍微低于0 ℃及0 ℃以上的季节。也就是说，冰川消融过程是季节性的。北半球冰川消融的时间一般为6—8月，而南半球冰川消融时间则在12月至翌年2月。

(2)热量依赖性。不同于一般河川径流与降雨过程相伴增减的特点，冰川融水径流对热量具有高度依赖性，气温越高，冰川融水越大。

(3)降水补给的复杂性。冰川融水径流的大小与降水的相关程度主要与气温有关。降雪是冰川的主要补给源，通常冰川表面降雪会减少冰川融水；但降雨会带来热量，部分强降水事件则会强烈冲刷冰面的雪及其他松散物质，因而降雨会加速消融，从而形成了具有特色的径流特征。

(4)动态稳定性。丰水年由于流域降水偏多，分布在高海拔的冰川区气温往往偏低，冰川消融量减少，冰川融水对于河流的补给量下降，从而削弱降水量偏多而引起的流域径流增加的幅度。反之，当流域降水量偏少，冰川区相对偏高的气温导致冰川融水增加，从而弥补降水不足对河流的补给量。

(5)高产流特性。闭合的非冰川流域的年均径流系数一般为0.2～0.6，而冰川流域的年径流系数一般接近于1.0。近几十年来，伴随着全球变暖，冰川流域的年径流系数则基本大于1.0，主要有两个原因：一是冰川区气候寒冷，坡度较陡，无植被覆盖，蒸散微弱；二是在全球变暖的背景下，冰川加速消融，其融水径流不仅来自于当年的降水积累量，而且来自于冰川本身体积的缩小。

3.5　冰川融水变化特点和主要影响因素

3.5.1　变化特点

(1)日变化

无论是大陆型冰川还是海洋型冰川,其融水径流往往表现出峰—谷的日变化周期,峰值往往出现在下午。

(2)年内分配

不同类型的冰川融水径流的年内变化特性也不同。例如,大陆型冰川径流的年内变化很大,分配极不均匀,消融期短(5—9月),融水高度集中在6—8月,基流小,冬季甚至断流。

3.5.2　主要影响因素

冰川融水量的多少取决于冰川—大气表面的能量平衡状况,其能量平衡状况与冰川表面的气象状况和冰川本身的物理特征紧密相关。大气提供能量用于消融,而大气状况又被随时间改变的雪冰影响。因此,冰川融水径流过程的主要影响因素包括以下四点。

(1)冰川表面的能量平衡

冰川区总辐射会随海拔的升高而降低,此外由于冰川区天气无常,总辐射受云的影响较大。冰川表面的净短波辐射总体随海拔的升高而降低,这是由于新雪的反照率最高所导致,其次是粒雪,裸冰最低。随海拔升高,裸冰减少,新雪增加。向下的长波辐射主要与气温呈正比,向上的长波辐射则主要与表面温度有关,而气温和冰面温度总体上也是随海拔的升高而降低。因此,冰川区净辐射总体随海拔的升高而降低。

到达地表的净辐射主要分解为感热、潜热和消融耗热。潜热的多寡与湍流和水汽压及空气相对湿度等有较大关系,而感热也受限于各种环境条件,消融耗热取决于冰川消融量的大小。此外,降雨也会释放部分热量用于冰川消融;水汽凝结释放的潜热也有助于冰川消融,但冰川内部通过热传导产生的热通量消耗了一部分消融耗热,从而减缓了冰面消融的速率。

(2)冰川的物质平衡和动力响应

冰川物质平衡的变化反映了冰川系统的收支状态,当收入小于支出时,物质平衡处于负平衡状态,消融量增加,冰川融水量也相应增加。山地冰川是一定气候和地形共同作用的产物,气候的变化必将引起冰川的变化,这种变化是通过冰川内部自身的运动规律来调节其面积和厚度,以适应新的气候条件。从理论上讲,某一气候条件下,冰川对应着一种稳定状态,但由于冰川为类塑性体①,它对气候变化有一个逐步适应的过程。

(3)冰面特征的影响

冰面地形、积雪覆盖状况等影响着冰川消融过程,表碛覆盖、冰湖和冰崖的存在,对于表面消融也有较大影响。研究表明,10 cm 厚的表碛覆盖能减少约 10%的消融量,而 20 cm 厚的表碛覆盖则一般要减少 56%左右的消融量。对于厚度小于 2 cm 的薄层表碛覆盖,则加速冰川消融。

此外,山地冰川表面及内部并不是纯冰,还存在黑碳、粉尘、内碛等吸光性物质。在强消融期,山地冰川表面消融,大量深色石块形成污化面,能够吸收更多的热量,从而加速了冰川的消融过程。

(4)冰内和冰下水系构造

冰内及冰下水系的形成与演化具有时空变化的特点,会对冰川汇水、储水及径流过程产生影响,与冰下水文过程(水力状况)、冰川运动、冰川侵蚀及冰川洪水形成等过程息息相关。冰内及冰下水系的空间结构和形态复杂,具有明显的季节变化特点,其空间分布和水力状况会因外界水体输入(降水和冰雪融水)的变化而改变。冰内及冰下水系的变化通过影响汇流对冰川融水的径流过程产生影响,冰川区一些溃决洪水事件的发生与冰内及冰下蓄水的突然释放也有很大关系。冰川蓄排水还通过改变冰下水力条件来影响冰川运动,反之冰川运动不仅影响蓄排水过程的转换效率,且通过改变冰川的消融强度(冰体向下游消融区输送速率的变化)来影响冰川排水系统的空间分布范围。

3.6 冰川水文效应

3.6.1 冰川变化对海平面的影响

自工业革命以来,人类生产活动中大量温室气体排放引起全球气候变暖,使得全球平均海平面变化超出了自然因素控制的范围。在百年时间尺度上,气候变暖改变了海—气之间的能量交换,并使海水通过温度和盐度的变化影响海平面变化,其中海

① 物体在外力作用下产生变形,若消除外力后很少或完全不能恢复原状性能的物体叫作塑性体。

水温度上升引起的热膨胀对海平面上升影响显著。全球陆地冰的加速消融是海平面上升的另一个主要因素。除南极和格陵兰之外的山地冰川总面积为 $51.2\times10^4\sim54.6\times10^4$ km²，体积为 $5.1\times10^4\sim13.3\times10^4$ km³，若其全部消融全球海平面则会升高0.15～0.37 m。山地冰川虽仅占全球冰储量的 1%，但由于其地处比极地冰盖更为温暖的气候环境中，规模较小，对温度升高的响应更为敏感，在当前气候变暖背景下退缩很快，对于海平面上升具有重要的贡献。IPCC 第五次评估报告综合了多种算法的研究结果，评估了不同时期山地冰川对海平面的贡献。总体来看，20 世纪 70 年代后随着全球变暖，山地冰川对海平面的贡献呈增加趋势，其中 2005—2009 年其贡献显著高于前期平均值。

3.6.2　流域水源作用

冰川以固态水转化为液态水的方式形成水源，释放的是过去长期积累的水量，冰川融水径流及其对寒区流域河川径流的贡献，受控于流域冰川数量、大小、形状、面积比率和储量等因素。

冰川融水是西北干旱区流域重要的水资源以及淡水资源的调节器，在中国西北地区水资源的开发利用中占有很重要的地位。冰川融水对流域径流量贡献的多少，主要取决于流域内的冰川覆盖率、冰川规模及组合形态。在我国西北地区，冰川融水量较多的流域主要为天山、阿尔泰山和青海东南部地区，年冰川融水径流深可达 1000 mm 以上。冰川融水比例高的流域主要发源于冰川发育好且气候干旱的天山和昆仑山山区，冰川补给率高达 50%以上；河西走廊的疏勒河冰川补给率也高达 30%以上；发源于青藏高原的大河源区，由于降水相对充沛，冰川径流补给率相对较低，约为 10%。

3.6.3　流域径流调节作用

冰川还具有调丰补枯的作用。流域冰川覆盖率大于 5%，则冰川融水径流对于稳定流域径流具有很大的作用。在丰水年份，由于降水较多，积累了较多水量，而且降水期间气温相对于非降水期间偏低，冰川消融相对较慢。这些水量在干旱少雨年份释放，由于气温较高，冰川消融量较大，从而补给了流域更多的冰川融水量。此外，冰川不断由积累区向消融区运动，并将积累区存储的冰量缓慢地向消融区运移，从而减缓了冰川的萎缩速率。正是冰川的这种运动和调丰补枯作用，才使得多数干旱区河流有相对稳定的河川径流，绿洲得以保持稳定。

3.7　冰面消融估算方法

冰川消融主要取决于冰川表面的气象条件，如气温、风速、相对湿度、太阳辐射等。传统的冰川消融模型就是构建冰面消融与气象因子（如气温、太阳辐射）之间的统计学关系。随着观测手段的提高，研究者开始从冰面消融的物理机制角度出发，研究冰面消融和能量平衡之间的关系。随着3S（RS，GIS，GPS）技术的发展和观测技术的提高，冰川消融计算也从点扩张到面尺度，基于能量平衡的分布式冰川消融模型大量涌现。冰川消融模型可以分为两类：基于气象因子的统计模型和基于物理机制的能量平衡模型。

3.7.1　基于气象因子的统计模型

影响冰面消融的气象因素主要有气温、风速、辐射、降水等，且不同性质和规模的冰川由于下垫面和气候特征条件的不同，其热力学特性也存在显著差异。由于大多数冰川区缺乏常规气象观测，特别是辐射平衡观测资料，而气温是反映辐射平衡、湍流热交换等状况的综合指标，且易于通过空间插值或遥感反演获得，因而基于气温—消融关系的冰川消融模型被广泛应用，主要包括冰川平衡线法和度日因子法。

（1）冰川平衡线法

Kotlyako和Krenke（1979）根据不同气候条件下数十条冰川的观测资料，推出冰川夏季（6—8月）平均气温T与冰川平衡线处年消融量A的经验公式，该公式被称为“全球公式”，即：

$$A = 1.33 \times (9.66 + T)^{2.85} \tag{3.1}$$

式中：A表示年消融量（mm w.e.），T表示夏季年均气温（℃）

该公式的系数具有区域差异，刘潮海和丁良福（1988）根据上述思路，利用天山山区气象站和冰川目录资料，建立了平衡线高度处年消融量（A）的经验公式：

$$A = 0.78 \times (T + 9.0)^{3.09} \tag{3.2}$$

（2）度日因子法

度日因子法也是基于冰川消融量与气温关系的统计模型，度日因子模型被广泛应用到全球的冰川消融研究中。该模型的基本形式如下：

$$M = DDF \times PDD \tag{3.3}$$

式中：M为某一时段冰/雪的消融水当量（mm w.e）；DDF为冰川或雪的度日因子[mm/（℃·d）]；PDD为某一时段的正积温（℃·d）。

受地形、冰川性质、辐射状况等要素的影响，冰/雪度日因子在时间和空间差异较大，雪的度日因子范围为 2.5～11.6 mm/(℃ · d)，而冰川的度日因子范围为 6.6～20.0 mm/(℃ · d)。

鉴于采用度日因子冰川消融模型进行空间和时间拓展存在一定的局限性，一些研究者提出加强度日因子法，即在经典的度日因子模型中引入其他要素（如风速、反照率、辐射等）。Hock(1999)为了提高模型的时空精度，将太阳辐射引入经典的度日因子模型：

$$M = (DDF + \alpha I \frac{G_s}{G_o}) \times PDD \tag{3.4}$$

式中：α 为辐射系数，I 为晴天太阳直接辐射（W/m^2），G_s 为观测的太阳总辐射（W/m^2），G_o 为晴空条件下的太阳总辐射（W/m^2），PDD 为正积温(℃)。

基于气象因子的统计模型，由于其结构简单、数据易获得、模拟结果较为理想等特点，目前在国内外冰川径流估算研究中被广泛应用。但统计模型只是在一定数据范围或区域内对水文物理意义进行统计分析，无法精确表征冰川消融的实际物理过程，造成模型不易在空间和时间上推广，特别是在较长的时间尺度上，其预估结果缺乏可信度。

3.7.2　基于物理机制的能量平衡模型

随着冰川观测中自动化水文、气象仪器的大量应用，观测数据不断丰富，从而使得能量平衡模型的广泛应用成为可能。单点能量平衡模型可在有辐射观测数据的观测站点处开展，主要目的在于测试和改进冰川能量平衡理论及分析冰川消融过程能量平衡组成特征。基于单点的能量平衡模型，其基本原理如下式：

$$Q_N + Q_H + Q_L + Q_G + Q_R + Q_M = 0 \tag{3.5}$$

式中：Q_N 为净辐射，Q_H 为感热，Q_L 为潜热，Q_G 为地热通量，Q_R 为降水传递的热量，Q_M 为冰雪消融耗热，各能量分项的单位均为 W/m^2。

3.8　“水塔”

3.8.1　“水塔”的定义

“水塔”(water tower)用于描述高山区在维持下游生态环境和人类用水方面所发挥的储水和供水作用。海拔、表面粗糙度、冰雪分布比例是定义“水塔”的主要标准。

与下游区域相比，高山地区降水量较多，“水塔”地区产流较多，并将水分存储在积雪、冰川和湖泊等冰冻圈要素中，延迟了水的释放。由于“水塔”的缓冲能力，它可以为下游地区提供相对稳定的水量供应，尤其是内陆的干旱半干旱地区。“水塔”是冰冻圈要素的集合，由于主要以固态形式存储水量，对于气温高度敏感，容易受到气候变化的影响。

3.8.2 “水塔”的重要性

“水塔”在地球系统中起着至关重要的作用，在全球水循环中尤为重要，其重要性主要表现在以下三个方面。

(1)供水作用。根据 Immerzeel 等(2020)的研究，全球范围内共定义了 78 个水塔单元，有超过 16 亿人生活在“水塔”所涵盖的高山区及受其影响的中下游地区，约占全球人口的 22%。

(2)经济服务。山区生态系统为人类谋生提供了重要资源，拥有重要的文化和宗教场所，并在全球吸引了数百万游客。从经济上来说，全球国民生产总值(GDP)的 4%和 18%分别来自“水塔”地区和依赖于“水塔”的区域。

(3)生态服务。“水塔”在生态系统中起着至关重要的作用，地球上约 50%的生物多样性热点地区位于山区，它们占整个陆地物种多样性数量的三分之一，并且植物多样性非常丰富。

3.8.3 “水塔”的脆弱性

“水塔”山区对气候变化高度敏感，比低海拔区气候变暖的速度更快，因此，气候变化威胁到整个山区生态系统。在世界范围内，绝大多数冰川正在经历物质损失、积雪消融动力受到干扰、降水和蒸散模式正在发生变化，所有这些都导致了未来山区水资源利用的时间和水量的变化。

“水塔”不仅对人类和生态系统的生存至关重要，而且陡峭的地形与极端的气候条件往往造成某些地区自然灾害多发，例如，地震或火山活动经常引发滑坡、岩崩、泥石流、雪崩、冰川灾害和洪水。仅从 2000 年以来，“水塔”地区自然灾害就导致全球超过 20 万人死亡。气候变化与人口增长、城市化以及经济和基础设施的发展相结合，有可能加剧自然灾害的影响，并进一步增加这些“水塔”的脆弱性。

思考

青藏高原被称为“亚洲水塔”，发源于高原及其周边地区的数条重要河流，如长江、黄河、印度河等，均受到不同程度的冰雪融水的补给，冰川的动态变化不仅影响河流下游几十亿人民的生产生活和社会、经济的稳定发展，还对全球气候变化和海平面升高等具有重要影响。青藏高原贡献的水资源无论是对我国东部的经济发展还是西部的生态环境，都有着不可替代的作用，高原的稳定对于中国的可持续发展具有非常重要的作用。请思考在全球变暖的背景下，冰川加速消融、冻土退化和积雪覆盖减少，对于高亚洲地区的水资源保护与发展有哪些好处和坏处。

专业术语

中文	英文
表碛	surface moraine
冰川融水	glacier meltwater
冰川竖井	glacier moulin
冰川水资源	glacier water resources
冰川温度	glacier temperature
冰盖	ice sheet
冰帽	ice cap
冰面湖	ice surface lake
冰面径流	ice surface runoff
冰内河流	englacier melt
冰内水位	englacier water-table
冰内水系	englacier drainage/englacier conduit
冰崖	glacier cliff
反照率	albedo
径流深	runoff depth
径流系数	runoff coefficient/runoff percentage
裸冰	bare/clean glacier ice
气候变化	climate change
气候波动	climate fluctuation
全球变暖	global warming
水塔	water tower
消融	ablation
消融期	melt period
正积温	cumulative positive temperature

第4章　冻土基础知识

4.1　冻土的概念

冻土(frozen ground/frozen soil)是指在0 ℃或0 ℃以下含有冰的各种岩石或土。冻土是由矿物颗粒、冰、未冻水、气体组成的多相体物质。按照冻土存在时间的长短,将冻土分为短时冻土(数小时、数日至半月以内)、季节冻土(半月、数月乃至2年以内)和多年冻土(2年至数万年以上)。

4.1.1　季节冻土

季节冻土(seasonally frozen ground)是指地表冬季冻结、夏季融化的岩层或土层,其年冻结日数在1个月以上、12个月以内。季节冻土包括季节冻结层和季节融化层,上覆于多年冻土层的活动层属于季节冻土。

4.1.2　多年冻土

多年冻土(permafrost)是指温度在0 ℃或低于0 ℃至少连续存在2年的岩土层。在大多数情况下,多年冻土通常简称为冻土,冻土学研究的对象主要为多年冻土。

多年冻土热状态剖面如图4-1所示,图中右侧线段为年最高地温包络线,左侧为年最低地温包络线,两条线段相交点则为温度年变化深度。

4.1.3　活动层

活动层(active layer)是覆盖于多年冻土之上的夏季融化、冬季冻结的土层,它具有夏季单向融化、冬季双向冻结的特征。活动层是多年冻土区的主要特征之一,但它不是多年冻土的一部分。而活动层厚度(active layer thickness)通常是指多年冻土区年最大融化深度,厚度在数十厘米到数米之间,主要取决于气温、地表植被特征、地表水体、积雪、坡度、坡向、土壤含水量、土壤成分以及人类活动等因素,存在较大的年际变化和空间变化。活动层的下边界就是衔接多年冻土的上限。

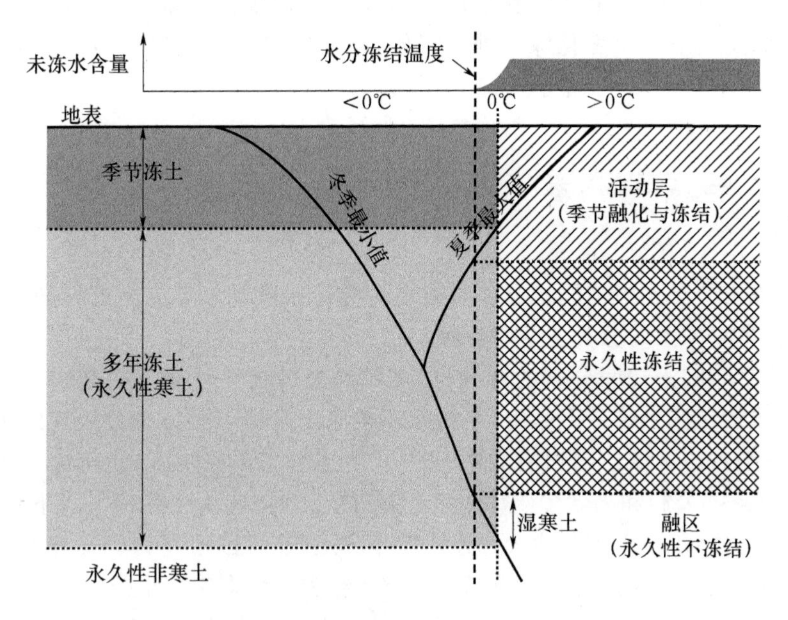

图 4-1　多年冻土热状态剖面(引自:Woo,2012;有修改)

活动层厚度可通过野外实测、地球物理勘探、数学计算、卫星遥感等方法确定。野外实测包括应用冻土杆现场插钎、坑探、槽探、钻探等方法。地球物理勘探主要包括探地雷达、电阻率法等方法。采用温度计监测活动层及浅层多年冻土的温度来确定活动层厚度,亦属地球物理勘探方法,是目前长期监测活动层热状态及其厚度的主要方法。卫星遥感方法包括应用可见光和红外遥感资料探测地表特征,进而估算该区活动层厚度,这种方法的精度较低。

4.1.4　多年冻土界限和多年冻土厚度

多年冻土上限(permafrost table)是垂直剖面上多年冻土的顶板。垂直剖面上多年冻土层发育的下层界面被称为多年冻土下限,也称多年冻土底板(permafrost base)。一般把垂直坡面上多年冻土层下层地温为 0 ℃的位置确定为多年冻土下限。该界面之上的地温低于 0 ℃,土层处于冻结状态;之下的地温高于 0 ℃,土层处于融化状态。多年冻土上限和下限之间的垂直距离称为多年冻土厚度,其单位通常用米(m)来表示。

4.1.5　多年冻土温度

多年冻土温度是指不同深度多年冻土层的温度,是衡量多年冻土热状态的指标。在气候平衡或接近平衡的条件下，多年冻土温度随深度增加而升高。多年冻土年平均地温是指地温年变化深度处的温度，是研究多年冻土特征的一个重要参数。多年冻土年平均地温大多介于－10～0 ℃。

4.2 多年冻土分类

多年冻土分类是指依据特定目的构建的指标体系对多年冻土进行的类别划分。目前，有关多年冻土的分类主要有两种。

(1)按多年冻土空间分布的连续性，多年冻土的连续性界定在高纬度多年冻土区和高海拔多年冻土区并不通用，高纬度多年冻土区将多年冻土分为连续多年冻土区(多年冻土占该区域总面积的 95％以上)、不连续多年冻土区(多年冻土占区域总面积的 50％～90％)和岛状多年冻土区(多年冻土分布连续性在 50％以下)。高海拔多年冻土区将多年冻土划分为大片连续多年冻土(连续性超过 75％)、连续多年冻土(65％～75％)、岛状融区多年冻土(50％～60％)和岛状多年冻土(5％～30％)。

(2)按冻土内部含冰量的多少及所含冰的状态，可把多年冻土划分为少冰、多冰、富冰和饱冰多年冻土及含土冰层。含冰量的多少直接影响到冻土的物理、力学和工程性质。

4.3 全球及中国多年冻土的分布

冻土与非冻土，以及不同类型冻土之间在水平空间尺度上的边界即是冻土分布边界。受区域小气候、地质、地形、水文、土壤、植被等诸多因素的影响，冻土的分布极为复杂。在数百乃至数十米的范围内，冻土的分布特征可能呈现极大差异，如短时冻土边界附近可能同时存在冻土与非冻土。因此，在实践中很难找出严格意义上的冻土分布边界。绝大多数文献中，冻土边界是以“区”的概念划分的，其内涵是：如果某一区域有某种类型的冻土分布，就称这个地区为某种类型的冻土区，与其他类型冻土(或非冻土)分布区的边界即成为该类型冻土边界。冻土边界主要包括短时冻土边界、季节冻土边界及多年冻土边界。

多年冻土边界指多年冻土的空间分布边界，主要包括多年冻土下界(lower limit of permafrost)和多年冻土南界(southern limit of permafrost)这两个概念。全球多年冻土分为高纬度多年冻土和高海拔多年冻土。在高海拔地区，一般指不连续多年冻土区分布的最低海拔高度为多年冻土下界，而分布海拔高度低于不连续多年冻土的片状多年冻土区分布的最低海拔高度被称为岛状多年冻土下界。环北极地区高纬度多年冻土区分布的南部边界被称为多年冻土南界。多年冻土南界具体包括连续多年冻土南界、不连续多年冻土南界和岛状多年冻土南界。

地球表层现代多年冻土分布面积约占陆地总面积的 24%，除大洋洲外，其他洲均有多年冻土分布。北半球的多年冻土主要分布于环北极的高纬度地区和中低纬度的一些高海拔地区，其中包括北冰洋的许多岛屿（格陵兰、冰岛、斯瓦尔巴群岛等）及部分大陆架乃至于洋底。多年冻土分布面积最大的几个国家依次是俄罗斯、加拿大、中国和美国。南半球的多年冻土主要分布在南极洲及其周围岛屿、南美洲的部分高山地区。

环极地的多年冻土分布有明显的纬度地带性。在北半球，多年冻土空间分布的连续性自北而南逐渐减小。最北部为连续多年冻土分布区，通常以 −8 ℃年平均气温等值线作为其分布南界；向南为不连续或大片连续多年冻土区，其南界大致与 −4 ℃年平均气温等值线相吻合；纬度继续降低，则为高纬度多年冻土区的南部边缘地区，形成岛状多年冻土区，其南部界线即为多年冻土南界。在高纬度多年冻土南界以南，只有在特定海拔上的寒冷地区才出现多年冻土。这部分的多年冻土具有明显的垂直地带性，一般来讲，随海拔的升高，多年冻土分布的连续性和厚度均在增加。

我国的多年冻土主要分布于东北的高纬度地区、西北高山区以及青藏高原等高海拔区，总面积约为 149×10^4 km^2，其中高海拔多年冻土约占中国多年冻土总面积的 92%。青藏高原因较高的海拔和严酷的气候条件而发育着世界上中低纬度区面积最大的多年冻土。青藏高原多年冻土下界大致与年平均气温 −2.5～−2.0 ℃等温线相当，纬度下降 1°，冻土下界升高 150～200 m。在其他条件相似的情况下，海拔升高 100 m，冻土温度下降 0.6～1 ℃，厚度增加 15～20 m。

我国多年冻土分布的南界与年平均气温 0 ℃等温线相当，伴随着年均气温由北向南逐渐升高，多年冻土的连续性从 80%以上逐渐减小到南界附近的 5%以下；年均地温由北部的 −4 ℃逐渐升高到南部的 −1～0 ℃；多年冻土厚度由上百米减至几米。

4.4　多年冻土的形成条件

4.4.1　气候条件

陆地气候系统的区域差异是导致冻土分布区域差异的主要原因。气温随纬度和海拔的升高而逐渐降低，当气温降低到一定程度时，多年冻土便开始逐渐发育。

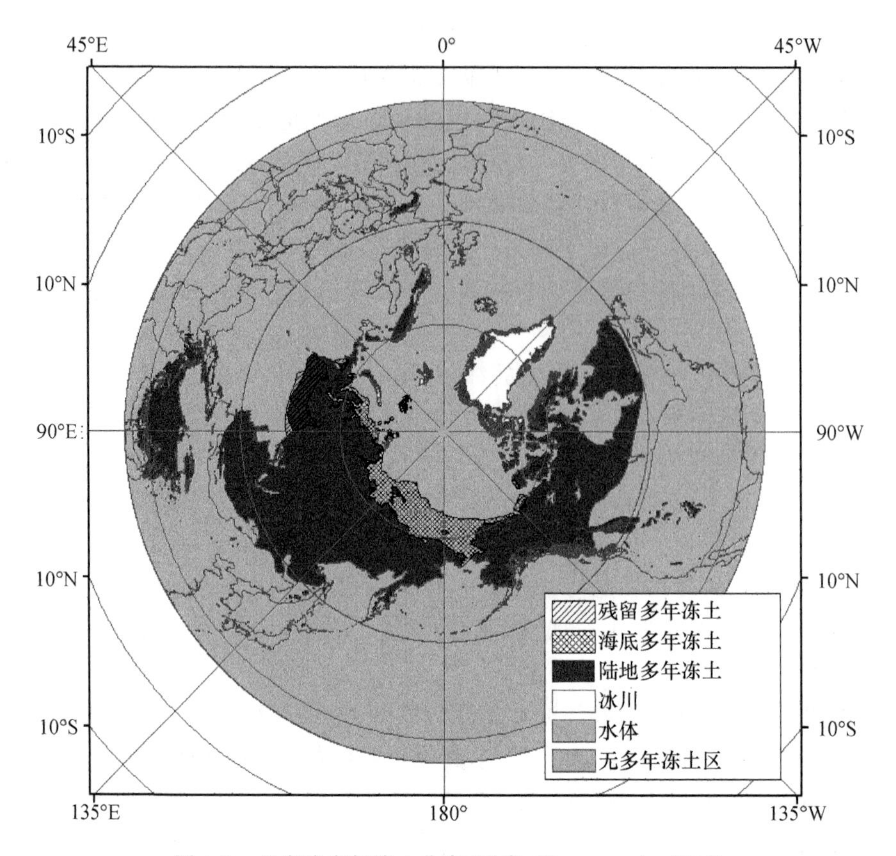

图 4-2　北半球多年冻土分布(引自:Zhang et al.,2008)

地表年平均温度是多年冻土发育的重要指标,表示在一年内,地表温度在某个平均值上下波动。从理论上讲,当年平均温度低于 0 ℃时就会有多年冻土形成。然而,由于地表面的特征,如坡度、坡向、土壤成分和含水量、积雪、土壤覆盖和植被等差异,往往能使地表温度增加或者减小数摄氏度。

多年冻土与降水的关系比较复杂,降水形式、降水时间乃至于降水密度和强度等的变化均会改变地气之间的能量平衡关系。对于同一个地区,降水量的长期增加可能会导致地面蒸发增大、地表温度降低,不仅使得地表的感热、潜热发生变化,同时由于水分下渗,土壤水分状态发生变化,也会导致土层中热流、水分运移状况及土层水热参数发生变化,进而改变地表的热通量,影响多年冻土的发育变化。

4.4.2　地质地形条件

岩土层的热物理特征,受地表能量和地下热流共同作用,对多年冻土的形成和发育产生重要影响。不同岩土层的热容量和导热率可能存在显著差异,热量传输速率也可能不同。在地表热通量和地热流相同的条件下,导热率越大,多年冻土温度越低,多年冻土厚度越大;热容量越大,则多年冻土温度越高,多年冻土厚度越小。

土层的含水率是控制土层热力学性质的重要参数,一般而言,含水率越高,土层的导热率越高,热容量也越大。另外,在含水率较高时,土层融化状态下的导热率明显高于在冻结状态下的导热率,由此导致了其在不同状态下对热量传输的差异,从而影响多年冻土的发育和发展。

岩性对多年冻土影响的另一个方面,表现在岩土的颗粒组成差异上。一般在细颗粒土分布地区更可能发育多年冻土,其本质在很大程度上归因于土层中的含水率。细颗粒土往往具有更大的含水率,在相同气候背景下,表层土壤为细颗粒的地区,蒸散发量要比粗颗粒地区大。

地形对多年冻土的影响表现在以下几个方面:一是海拔,气温随海拔垂直递减是控制高海拔多年冻土分布的主要因子;第二,坡度、坡向显著影响地表太阳辐射,进而影响进入地下热量的多少;第三,地形不仅可能通过水、风等外力过程,如水流、风化、物质搬运、沉积等动力过程影响地表土层的组成、结构等,也可能通过对水文过程的控制作用影响区域水文环境,从而导致不同地形条件下水文地质特征和岩/土水热物理性质存在差异;第四,地形可通过上述几个因素而影响地表的植被状态,从而反过来影响地表接收到的太阳辐射,影响到地表能量的分配过程。

4.4.3　地表覆盖层和植被

地表覆盖特征是影响多年冻土发育的另一个主要因素。大量的研究表明,在连续多年冻土南界以南,地表覆盖特征差异是造成多年冻土空间分布格局差异的重要原因之一。地表沼泽湿地、泥炭层、碎石层及植被均对多年冻土的发育有着十分重要的影响。

积雪对冻土区土/岩层的热状况有着较大影响,积雪较高的地表反照率和较强的热辐射性有利于降低雪表面乃至于地面温度;积雪较低的导热特性发挥着隔热层的作用;积雪融化时要吸收大量的融化潜热,从而将耗费较大部分的太阳辐射能量,抑制地面和土层温度的升高。

作为地表覆盖层的苔藓和泥炭也和积雪一样具有很好的隔热性能。在干燥状态下,它们的导热系数比积雪还小。在湿润状态下,它们的导热系数也只有土壤和松散土的 20%～30%。在一年中,苔藓和泥炭的隔热作用是随季节变化而变化的。它们在冻结状态下的导热系数是融化状态下的 2～4 倍,这就意味着它们在夏季阻碍土壤表面受热的作用比在冬季阻碍土壤表面冷却的作用要大得多。另外,由于泥炭极为潮湿,其在夏季蒸发大量水分时,可使地表进一步冷却,因此,苔藓和泥炭覆盖层能够降低下方土层年平均温度,与无覆盖层相比,苔藓和泥炭能使下方土层温度降低1～4℃。总之,苔藓和泥炭层对多年冻土的发育有促进作用,尤其在岛状多年冻土区,这类覆盖层对多年冻土有很好的保护作用。

4.5　冻土的水热特征

冻土的热容量和导热系数是影响冻土水热传输特征的主要热力学参数,主要与冻土内矿物质、液态水和冰等物质的含量、组成、结构、密度和分布等有关。同时受到冻土中液相和气相对流过程的影响,冻土的含水量、含冰量、导水系数和土水势是影响冻土水热传输特征的主要水力学参数。

土壤在冻结过程中,会发生从水到冰的相变,冰的存在会改变土壤的热力学参数和水力学参数。冰的导热系数高于水,比热低于水,能够增加冻土层的热量传导。同时,冰的形成会降低土体的液态水含量,减少土壤的孔隙度,导致毛细效应和下渗率低,降低冻结土壤的导水系数,这是冻土与非冻土水热特征不同的主要原因。

冰晶(ice crystal)的存在会降低土壤的导水系数。因此,不同性质的土壤,由于土壤孔隙度分布指数、饱和导水系数以及含冰量的不同,在冻结过程中,其导水系数的变化趋势不同。一般而言,土壤颗粒较粗的粉土,其导水系数大于土壤颗粒较细的黏土,在冻结过程中,粉土导水系数的下降速率也大于黏土。

4.6　水文地质构造的冷生作用

严寒的气候和冻土对水文地质构造有很重要的影响,冷生作用(cryogenesis)是指严寒的气候和冻土水文地质构造发生冷生改造。冷生作用包括三个方面:水文地质构造中冷生隔水层的形成、冷生后含水层的形成、地下水化学成分的冷生变质。

4.6.1　冷生隔水层的形成

当温度降低、渗透通道堵塞,也就是形成冻土层时,原先的弱透水层的透水性更差,原先的含水层转化为冷生隔水层。这时,水文地质条件就会发生重大的改变。作为冷生隔水层的多年冻土层会截断或阻碍水文地质构造中各部分的水力联系:它封堵水文地质构造原先的补给区和排泄区,把它上面和下面的含水层分隔开来使其成为冻土层上水和冻土层下水,冻层发育较差的地方或融区则成为它的补给或排泄通道,形成融区水、冻土层中水或层内水。冻层在活动层中发育,形成季节性的冷生隔水层。它在形成时阻碍地表水的下渗,以其冷生静压力改变着冻土层上水的运移方向,导致季节性冰椎或冻胀丘的形成;在它自上而下消融时,残留冻层的短期存在,又阻碍着水分下渗,加剧地表过湿和沼泽化。总之,无论是多年的或季节性的冷生隔水层的形成和存在,都改变了水文地质构造的补给、径流和排泄条件,成为改造水文地质构造的重要因素。

4.6.2 冷生后含水层的形成

黏土无疑是典型的隔水层,在冻土区往往作为潜水含水层。在这里,在最大季节冻结(融化)深度以上,黏土比较疏松,呈粒状或片状结构并具有裂隙;过了历年最大冻结深度,黏土趋于致密,黏土含水层的埋藏深度往往就在最大冻结深度以上 0.5 m 左右,这个薄的黏土含水层的试坑涌水量可达 0.1～0.5 L/s。在冬天,它的上部或全部可以冻结,冻结过程中的水分迁移,使冻层具有很大含冰量。

4.6.3 水化学成分的冷生变质

当水溶液的一部分冻结成冰时,或者,当冰发生融化而加入水溶液时,水溶液的化学成分和矿化度发生变化,这就是水溶液化学成分的冷生变质。在冻结过程中冰是脱盐的,而未冻溶液是盐化的。

在一个渗透性良好的含水层,它的一部分被冻结成冰,这冻结的部分必然是淡化了的。在水动力条件较差的情况下,它的未冻部分就可能被盐化;如果还保持强劲的水动力条件,被盐化了的地下水可能被驱走而为新补充进来的淡水所替代,结果是整个含水层,包括已冻结的和未冻结的都被淡化了。因此,虽然在冻结过程中会使未冻结的水增大浓度,但整个含水层最后是盐化了还是被淡化了,依然要取决于水动力条件。

思考

全球陆地多年冻土观测网(GTN-P,https://gtnp.arcticportal.org)把多年冻土热状况(即地面温度)和活动层厚度确定为监测的关键变量。测量多年冻土的温度为地表面能量平衡综合变化提供了指示器,从而保留了给定区域的地表气候最近变化的记录。GTN-P 由两部分国际监测组成:多年冻土热状况(Thermal State of Permafrost,TSP)和环北极活动层监测(Circumpolar Active Layer Monitoring,CALM)网络,其发展由 20 世纪 90 年代成立的国际冻土协会(International Permafrost Association,IPA)负责,TSP 和 CALM 与 IPA 和南极科学委员会(The Scientific Committee on Antarctic Research,SCAR)都有关于南极的区域合作,GCOS 区域工作组和行动计划建议把 GTN-P 站点扩展到南美和中亚的高山地区。与冰和积雪不同，多年冻土目前还不能通过遥感平台直接探测。

请思考为什么多年冻土地区的属性目前还不能通过遥感平台直接探测？

专业术语

中文	英文
冰晶	ice crystal
不连续多年冻土	discontinuous permafrost
岛状多年冻土	isolated permafrost
冻土	frozen ground/frozen soils
多年冻土	permafrost
多年冻土边界	permafrost boundary
多年冻土分类	permafrost classification
多年冻土厚度	permafrost thickness
多年冻土南界	southern limit of permafrost
多年冻土区	permafrost region/zone
多年冻土上限	permafrost table
多年冻土温度	permafrost temperature
多年冻土下界	lower limit of permafrost
多年冻土下限	permafrost base
活动层	active layer
活动层厚度	active layer thickness
季节冻土	seasonally frozen ground
冷生作用	cryogenesis
连续多年冻土	continuous permafrost

第5章　多年冻土水文过程

5.1　冻土水分迁移过程

5.1.1　土壤水分分类

土壤中的水分可以分为气态水、结合水、液态自由水、固态水和化学结合水。其中，结合水又可以分为强结合水(吸附水)、弱结合水(薄膜水)；液态自由水可以分为毛细水和重力水；固态水可以分为冰和结晶水。

强结合水(strongly bound water)是指被土壤颗粒吸附，不可溶解可溶性物质的水分，也称吸附水；强结合水是土壤最大吸湿含水量的主要成分，基本不参与冻土冻融过程中的水分迁移。弱结合水(loose bound water)是指土壤颗粒在强结合水外围吸附的水分，也称薄膜水；弱结合水则是冻土冻融过程中液态水迁移的主要成分之一，它在土壤中达到最大值时的土壤含水量成为最大分子持水量。

土壤的最大吸湿含水量与最大分子持水量均可在实验室中测定。毛细水(capillary water)是指在土壤孔隙中气液界面的毛细效应的作用下，地下水沿土壤孔隙上升形成的水分。在自然界的降水和灌溉条件下，土壤中可以形成大量毛细悬着水，毛细悬着水达到最大值时的土壤含水量称为田间持水量。重力水(gravitational water)是指在降水和灌溉等条件下进入土壤的水分，经过重力作用发生渗透和滞留，从而形成的自由水。此外，土壤的孔隙中还存在着水蒸气和冰，以及与土壤中的化合物结合的化学结合水。

5.1.2　驱动水分迁移的土水势梯度

由于土水体系中土壤水与周边介质的相互作用，导致土壤水的自由能降低，从而形成的土壤水势能称为土水势。其数值等于在等温条件下，在土壤中的不同部位迁移单位质量的水所做的功。一般认为，冻土冻融过程中的液态水分迁移主要受土水势梯度的驱动，土水势主要有以下3种类型。

(1)基质势

基质势(matrix potential)是指在土壤基质(固体颗粒)的吸附作用下,土壤水较自由水降低的势能。由于土壤基质的吸附作用,在土壤中的不同部位会形成基质势不同的土壤薄膜水,在基质势梯度的作用下,薄膜水会从水膜厚的区域向薄的区域迁移。在冻土中,由于未冻水膜的厚度可以看作是温度的函数,与温度呈现负相关关系。因此,当负温的土层中存在温度梯度时,也将形成相应的未冻水膜厚度梯度,使得未冻水在基质势的作用下,从含量高的区域向含量低的区域迁移,也就是从温度较高的区域向温度较低的区域迁移。

(2)压力势

压力势(pressure potential)是指由于压力的存在,使水的自由能发生改变而形成的势能。在冻土和融土中,由于土壤孔隙与外部空气的联通,会形成一定的毛细空间,并存储一定量的毛细水。在土壤的冻融过程中,毛细空间的大小和位置都会发生变化,使得位于不同空间位置的毛细水具有不同的压力势,并在压力势的作用下发生迁移,直至达到平衡态。

(3)重力势

重力势(gravitational potential)是指融土和冻土中的液态自由水在重力场中所具有的重力势能。在重力势的作用下,土层中的液态自由水将向下迁移。

不同土类的饱和土中的土壤含水量不同,但饱和土中的土水势均为零,处于平衡态。在非饱和土中,土壤含水量越小,土水势的绝对值越大。在冻土的冻融过程中,土体内的温度和水分含量受外界影响而发生动态不均匀变化,使得土壤水分的平衡态被打破,土体内部形成土水势梯度,驱动冻土内的水分发生迁移。在冻土的水分迁移过程中,温度是制约冻土中未冻水含量及土水势的一个主导因素。

5.1.3 土壤中水的冻结

土壤中水的冻结发生在一定的温度范围内。随着温度的下降,土壤含水量逐渐减小,土水势的绝对值逐渐增大,开始是包括毛细水和重力水在内的自由水冻结,接着是弱结合水(薄膜水)的冻结,而强结合水(吸附水)在足够低温下才会冻结。随着冻结过程的进行,土壤中的水分类型由重力水、毛细水向薄膜水过渡,土水势也相应地从以重力势和压力势为主向以基质势为主过渡。最终,当土壤温度降低为负温时,基质势成为未冻水迁移的主要驱动力。未冻水迁移是冻土中气、液和固相物质产生迁移的主要原因。在冻融过程中,土壤中的水分将向冻结锋面进行迁移,形成的冰体称为分凝冰(segregated ice)。在自然界中,经过长期的冻融循环,冻土中的水分产生不等量迁移,多年冻土上限附近形成厚层的重复分凝地下冰。

5.2　冻土的年内冻融过程

5.2.1　年内冻融过程

随着冻土冻融过程的进行，冻土内会发生形式不同的热量传导，水分会发生有规律的迁移。在冻结过程中，一般把土壤水开始发生结冰相变的面称为冻结锋面(freezing front)。冻结锋面是冻结层和未冻结层的分界面。在融化过程中，一般把土壤中的冰晶开始发生融化相变的面称为融化锋面(melt front)。融化锋面是融化层和未融化层的分界面。在多年冻土地区，年内的冻结融化过程主要发生在活动层内，一般将活动层的冻融过程划分成四个阶段，即夏季融化过程、秋季冻结过程、冬季降温过程和春季升温过程。

(1)夏季融化过程

随着夏季地表温度的升高，活动层开始了夏季融化过程。在融化过程中，地表温度不断升高，自地表向下呈下降的温度梯度，融化锋面逐渐向下迁移，水分输运以向下为主，表现出如下的特点：融土层中的重力自由水在重力作用下向融化锋面渗透和迁移；同时，随着地面水分蒸发变干，土壤中的毛细水向地表迁移；另外，在不饱和融土层中，存在着水蒸气对流的现象；活动层的融化锋面向下，直到年最大融化深度处，这段土壤一直处于冻结状态，在温度梯度的驱动下，这段土壤内的薄膜水向下迁移；融化锋面之上的传导性热传输和对流性热传输均非常活跃，而在融化锋面之下，传导性热传输占绝对优势。

(2)秋季冻结过程

随着活动层在秋初到达最大融化深度，气温逐渐降低，地表热量的输入停止，活动层开始秋季的冻结过程。冻结过程可以划分为两个阶段，即由活动层底部向上的单向冻结阶段，以及底部和地表发生双向冻结的零幕阶段(zero curtain period，指某一层深度的土壤在冻结和融化过程中长时间停滞于 0 ℃的阶段)。单向冻结阶段自活动层底部向上冻结的时刻开始，到地表开始形成稳定冻结的时刻为止；零幕阶段，从地表形成稳定冻结开始，到冻结过程全部结束为止。

在单向冻结阶段，随着冻结锋面向上移动，活动层底部的水分在温度梯度和薄膜水迁移机制的驱动下，从未冻结层向冻结锋面迁移、冻结，呈向下迁移趋势；热量从未冻结层向冻结层传输，即呈向下传输趋势。在未冻结层中，存在由温度梯度驱动的传导性热传输，这部分热量较少；还存在由水蒸气驱动的对流性热传输，随着冻结过程的进行，对流性热传输逐渐增大，成为热量传输的主要部分。

在零幕阶段，活动层中进行着双向冻结，温度是中部高、两端低，水分迁移以薄膜水迁移为主。根据零幕层的发展特征，又可以划分为两个时期，即快速冻结期和相对稳定冻结期。从地表形成稳定的冻结层开始，未冻结层上部的冻结锋面快速向下移动，未冻结层下部的冻结锋面也在缓慢上移。同时，未冻结层中的水分不断向冻结锋面迁移、冻结，在水的相变放热过程中，热量也从活动层的中部向上下两侧传输，活动层水分与热量同步耦合传输是快速冻结期热量传输的主要特征。之后，冻结锋面从上向下的移动速率明显减小，这就是零幕层的相对稳定冻结期。这种状况持续约半个月后，活动层就实现了完全冻结。

(3)冬季降温过程

活动层的冻结过程全部结束后，随着气温的进一步下降，活动层开始了温度快速降低的冬季降温过程。这一阶段活动层中的温度上部低、下部高，梯度逐渐增大，主要以传导性热传输进行热量传输，同时伴有少量由温度梯度驱动的未冻水迁移。除地表附近少量的土壤水分蒸发外，活动层中的未冻水趋向于向上迁移，但由于地温极低限制了未冻水的含量和迁移能力，使得迁移量较少，整个活动层内的水分含量变化不大。

(4)春季升温过程

随着春季气温升高，地表热量开始输入冻结的活动层，活动层进入春季升温过程。此时，若地表呈裸露状态，则地表土层的水分蒸发量增大，含水量降低，水分从活动层内部向地表发生一定的迁移，但由于温度低、迁移量较小，此时的热量传输仍以传导性热传输为主。在升温阶段后期，地表附近开始出现日冻融循环，白天土壤表层融化、水分蒸发，夜间土壤冻结，形成冻结锋面，此时活动层内部的水分也有向地表冻结锋面迁移的趋势。若地表有雪覆盖，则会阻止地表附近日冻融过程的发生，同时由于融雪水分的补给，土壤表层的含水量会明显增大，活动层内的水分不会向表层迁移。当地表不再发生冻融循环，完全变为融土时，春季升温阶段结束。

经过上述四个过程，活动层完成了一个冻融周期。可以看出，经过冻融周期，活动层中的水分在秋季冻结过程和夏季融化过程中向下迁移，迁移量较大，而在冬季降温过程和春季升温过程中，水分的迁移量较小，其中表层土壤的水分迁移量较大，表层以下土层的水分迁移量较小。试验研究表明，在土壤的冻融过程中，水分向冻结锋面的迁移量与冻结速率相关，土壤冻结得越慢，锋面处水分的增加量就越大。而在活动层底部附近，由于温度波动幅度小、速率慢，其冻结过程始终进行得比较缓慢。因此，活动层中的水分在经历了一个冻融周期后，总体上有向活动层底部，也就是向多年冻土上限附近处聚集的趋势。从而导致多年冻土上限附近逐渐成为富冰区。这也是在多年冻土上限附近由于不等量水分迁移形成重复分凝冰的物理机制，是自然界内不同地区的多年冻土上限附近易形成厚层地下冰的主要原因。

5.2.2 冻融过程对水文的影响

冻土的冻融过程对水文的影响是多方面的。在多年冻土和季节冻土区流域径流的研究表明,冻土的影响在流域和区域上具有大尺度水文效应。土壤中孔隙冰的存在会降低土壤的下渗能力,促进地表径流形成,减少地下水的补给,但融水可以通过空隙渗入冻土层内。全球变暖背景下,气温上升已引起全球各地冻土大面积退化,其中高海拔地区多年冻土的退化速率要高于高纬度地区。在高纬度和高海拔多年冻土区,均监测到地温有明显升高趋势,如美国北部、亚洲和欧洲等区域。寒区多年冻土面积萎缩和活动层增厚已直接影响寒区流域的水文过程,改变了寒区的生态水文过程和生态环境。

在未来气候变化 RCP4.5 情景下,预计 2080—2099 年多年冻土南界将退至北极圈内;在 RCP8.5 情景下,到 21 世纪末包含青藏高原在内的中国西部将几乎没有多年冻土。多年冻土的退化会引起地下冰含量降低,使得更多的水渗透到更深的土层,导致径流重新分配,使地表径流减少而地下径流增加。多年冻土敏感性试验表明,若无多年冻土存在,会降低径流洪峰值,并增加退水时期的径流值。

5.3 冻土未冻水

冻土未冻水(unfrozen water)指存在于冻土中的液态水。未冻水因受表面张力(毛细作用力)、土颗粒表面吸附力(基质势)或/和化学键合力(结合水)的作用,冰点降低,在温度低于 0 ℃时仍以液态形式存在。毛细水的冰点与孔隙大小有关,一般略低于 0 ℃。受土颗粒表面吸附力作用的薄膜水的冰点低于毛细水的冰点,这与土颗粒成分、大小及水分子距土颗粒表面的距离有关。土壤的颗粒越细,其比表面积就越大,薄膜水的冰点就越低;同时,薄膜水的冰点也伴随着水分子距土颗粒表面距离的减小而降低。强结合水的冰点低于 −78 ℃,弱结合水的冻结温度在 −20～−30 ℃。这样,在负温条件下,冻土中仍有一部分水分不冻结,而形成未冻水。

此外,土壤中水分溶解的溶质成分和含量、水分承受的压力等都影响未冻水的形成。矿化度极高的土壤水分甚至在温度低于 −10 ℃时都不冻结,此时,未冻水含量即是土壤总含水率。

冻土中未冻水的多少用未冻水含量描述,包括未冻水重量含量和未冻水体积含量两个指标,未冻水重量含量指单位质量冻土中未冻水质量与干土质量之比值百分数,单位为 g/100g;而未冻水体积含量指单位体积冻土中未冻水所占体积的比值或体积百分数，单位为 cm^3/cm^3 或 $cm^3/100cm^3$。测量未冻水含量的方法主要包括量热法、微波法和核磁共振法。特定类型土体的未冻水含量主要与温度有关。

未冻水使土粒胶结程度降低，冻土的强度降低，对冻土的工程性质有极大影响。未冻水的存在也是冻土中水分迁移的必要条件。冻土中不同区域任何条件和特征的差异，如温度、压力、含水量、土壤物质组成、含盐量等，均会导致不同区域未冻水含量的差异，进而引起未冻水的迁移和冻结。未冻水迁移是冻土中分凝冰、冰透镜体和冰层形成的主要原因之一。

5.4 多年冻土地下冰

在地壳内部存在的所有冰晶统称为地下冰(ground ice)。地下冰是冻土所独有的特征，对区域的水资源和水文过程具有重大影响。在多年冻土的发育时期，不同来源的水在土壤中形成地下冰，并存储在多年冻土之中。在多年冻土退化时期，地下冰发生融化，释放水量，从而影响区域的水资源分布和调控(图 5-1)。

图 5-1 冻土滑塌后暴露的地下冰(高坛光 摄，2017 年)

地下冰的存在时间与冻土的特征和年龄有关，季节冻土中地下冰存在的时间小于一年,被称为季节性地下冰;而多年冻土层中的地下冰存在时间至少两年以上,被称为多年地下冰。目前文献中出现的"地下冰"一词大多是指发育于多年冻土层中的地下冰,即多年地下冰。目前文献报道的最古老地下冰的形成年代为中更新世。地下冰主要分布在岩石圈上部0～30 m深度内,北半球高纬地带很多地方上部0～30 m深度内分布有地下冰,其体积含冰量达到50%～80%。

按照形成机制,可以将地下冰分为构造冰、洞脉冰和埋藏冰三大类(图5-2)。

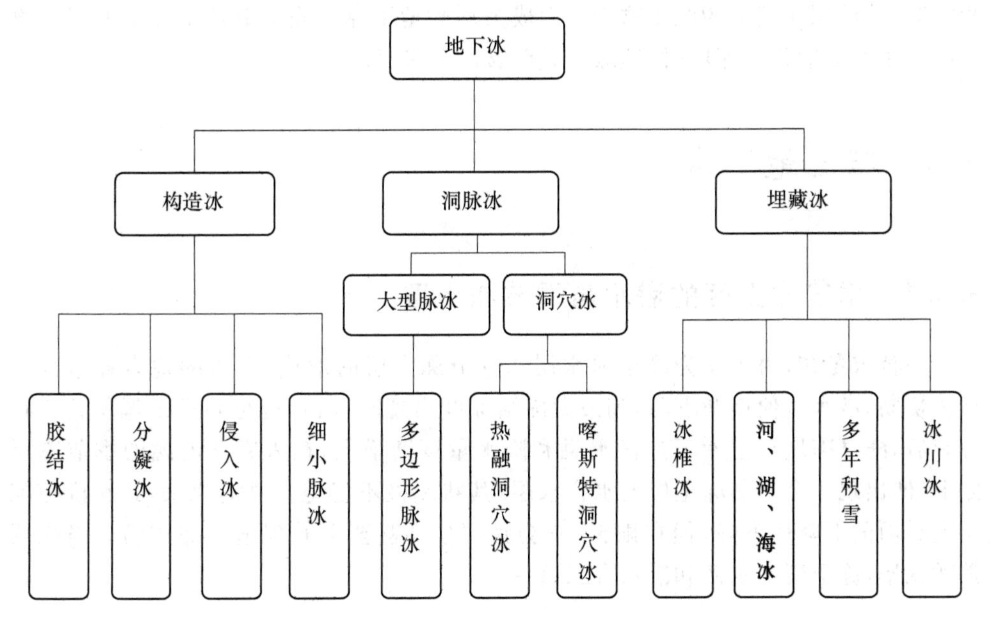

图5-2　地下冰分类(引自:丁永建,2016)

(1)构造冰(tectonic ice)。是指在土壤冻结过程中生成的冰,按照形成机制可将其分为胶结冰、分凝冰、侵入冰和细小脉冰。胶结冰(cementation ice)是能够胶结土壤颗粒或团粒的细小的孔隙冰体,它是在土体含水量较小,或者冻结速度较快的情况下冻结形成的。分凝冰(segregated ice)是指由弱结合水向冻结锋面迁移而形成的冰体,通常以冰透镜体和其他不规则的形状存在。分凝冰的形成过程往往伴随有土壤颗粒的移动,从而产生各种冻土的冷生构造和冰缘地貌。侵入冰(intrusive ice)是指承压地下水侵入多年冻土或季节冻土后冻结生成的冰。参与侵入冰形成的水是重力自由水,侵入水的冻结能够顶起上部冻土层,从而形成冻胀丘(frost mound,指因土的冻结作用、地下水或土壤水分迁移并冻结导致地下冰积聚,使地表隆起形成的丘状地形)。细小脉冰是土岩裂隙中的水冻结后形成的冰。

(2)洞脉冰(cave-vein ice)。是指存在于多年冻土区各种基岩裂隙、土体裂隙和洞穴中的冰体。按照生成的环境和形态的不同,洞脉冰可以分为大型脉冰(vein ice)

和洞穴冰(cave ice)。大型脉冰通常是水体进入基岩和土体裂隙后形成的裂隙冰,以多边形脉冰为主,延续深度较大。洞脉冰中的大型脉冰与构造冰中的细小脉冰除了在形态和大小上有差异之外,它们的形成机制也不同。细小脉冰是由未冻的土岩裂隙中的水冻结生成的,是与冻土共生的,而大型脉冰是由已冻的基岩和土体裂隙充水后再冻结形成的,是后生的。

(3)埋藏冰(buried ice)。是指各种生成于地表的冰(河冰、湖冰、海冰、冰椎冰和积雪等)被堆积在其上的沉积物掩埋而成为埋藏地下冰。当埋藏冰上覆盖的沉积物厚度大于季节融化层深度时,埋藏冰就能够保存多年。

5.5 冻土地下水

5.5.1 季节冻土区的潜水与季节冻土层上水

在秋末冬初,由于作为冷生隔水层的季节冻土层的形成,潜水的地表补给源被逐步切断,潜水位便逐渐下降,到最大冻结深度出现时,潜水位也降至最低位置。在开春后,随着冻层自上而下逐渐消融和降水量逐渐增大,在未完全消融的季节冻层之上,便出现一个季节冻土层上水含水层,其状况极不稳定。总的说来,其水位随冻层上界面的下降而下降,但在雨天,它会猛烈抬高甚至上升到地表而成涝。当冻层消融完毕,冻土层上水便和潜水合二为一。

5.5.2 融区

在活动层下,处于冻土层之中具有正温含水和不含水,或具有负温液态水的地质体称为融区(talik)。融区是一个具有复杂的冻土地质过程及现象的地质空间。它的发生、发展及其特征与多种自然因素有密切联系,是它们共同作用的结果。诸如融区受气候、地质构造、水文地质条件、地表状况及地表覆盖条件等制约和影响。

在冻土层广泛发育时期,由于某种自然环境条件,一些地段未能形成冻土,以融土形式保留下来,即是原生融区。冻土层形成之后,由于自然环境因素影响(如气候变暖导致地下水溢出、地表状态改变等),使冻土层部分或全部融化,如此产生的融区,称次生融区。根据我国的实际情况,根据决定融区产生和存在的主导因素及条件,将我国冻土地区现存融区划分成主要由构造因素形成的融区、主要由地表水作用形成的融区、渗透—辐射融区、人为融区四个类型。

5.5.3 多年冻土地下水

按照与冻土层的空间关系，多年冻土区的地下水可以划分为多年冻土层上水、多年冻土层中水和多年冻土层下水三种类型，这三种冻土区地下水的分布如图5-3所示。

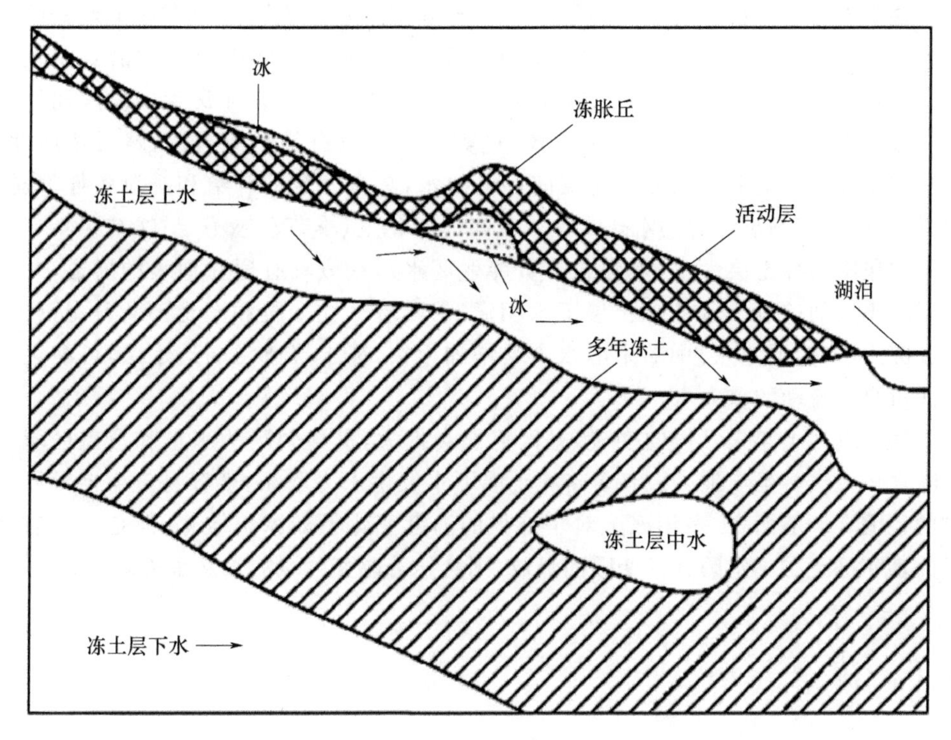

图5-3 多年冻土地下水类型(引自：Woo，2012；有修改)

多年冻土层上水(suprapermafrost water)是分布于多年冻土层之上的地下水，其稳定底板是多年冻土上限，以大气和地表水为主要补给源，也受其他地下水类型补给。地表土层冻结后，上部补给水源大部分断绝，而在最大融化季节，又成为具有自由表面的非承压水。多年冻土层上水多处于平坦的分水岭、平原和河流阶地上，该地区坡度缓和，地下水流失少，易于富集。由于多年冻土层上水受到不同程度的矿化，又处于土壤毛细空间中，因此其冻结温度一般在0 ℃以下，通常在－0.5～0 ℃。对于活动层中水来说，产流和补给都发生在活动层，因而补给面积和分布面积基本重合。活动层中水在冻结时容易发生较为明显的体积膨胀并产生压力，引起地表的变形隆起，形成冻胀丘，部分多年冻土层上水会溢出形成冰椎。

多年冻土层下水(subpermafrost water)是处于多年冻土下限之下的地下水。含水层顶板与多年冻土下限直接接触的层下水具有高承压性，不与其直接接触的其承压性取决于地质构造和岩性条件。多年冻土层下水季节动态一般比较稳定，其补给取决于冻土层的连续性，在不连续冻土区，大气降水、地表水和多年冻土层上水经融区补给冻土层下水。而在连续多年冻土区，补给一般通过一些断裂带和裂隙来实现，补给区与分布区可能离得很远。

多年冻土层中水(intrapermafrost water)是被多年冻土完全包围或半包围的自由重力水，也可称为融区水。一般有四个亚类：①完全被多年冻土包围的封闭融区水，多半因为矿化度较高、冻结温度较低，或者疏干的湖盆下多年冻层的发展而使湖下的融区逐渐封闭而成为含水透镜体，这类地下水没有补给或排泄，略具承压性；②被多年冻土从上下包围的冻土层间(融区)水，具有一定的补给和排泄条件，(弱)承压，其存在依赖于强烈的水热交换或较高的矿化度，季节动态稳定；③被多年冻土在侧向包围的冻土层中水(贯穿或非贯穿融区水)，一般具有通往地表的通道，并可能与冻土层间(融区)水或冻土层下水相通；④随着气候变暖和冻土不断升温，(极)高温冻土(如接近冰点)中的未冻水含量增加很快，冻土层成为弱透水层，可能逐渐形成可自由流动的重力水。

随着近几十年来气候的变暖，融区可能会扩大，贯穿融区的水量和覆盖区域也会随之扩大。一旦与地表或者多年冻土层下水发生水力联系，就容易产生向外界释放的径流。一般而言，多年冻土对于外界的温度变化不如冰川敏感，但是一旦有足量的多年冻土层中水因气候变暖而释放，则会显著改变区域的水文水资源情势。

5.6 冻土入渗

5.6.1 入渗过程

冻土层是一个相对隔水层，因此冻土的入渗率远小于融土。在地表水入渗时，由于地表水在冻土层中被冻结成冰会放热，因此会使得冻土层升温，与此同时，冻土层的含冰量增加，入渗率下降。入渗率下降会减少地表水的入渗量，但同时多年冻土活动层底部不断发生的重复分凝(repeated ice-segregation)现象，又会将活动层顶层的水分迁移到活动层底部，从而引起地表水的入渗量加大。最终地表水下渗引起活动层及多年冻土上限附近含冰量的变化及其分布变化。这是地表水下渗凝结和活动层水分迁移过程综合作用的结果。如果在冻土区存在多年冻土层上水，那么地表水的入渗过程还会与冻土层上水的水文过程发生联系，引起冻土融化期间的产流过程发生变化。

5.6.2　入渗类型

冻土区地表水的入渗过程按照入渗量可以分为有限型、无限型和受限型三种。

(1)有限型入渗表示入渗过程受到一个靠近地表的冰体、冻土层或者基岩的阻挡,其入渗量十分有限。

(2)无限型入渗表示入渗在粗颗粒土层或者有巨大裂隙的土体和基岩中发生,入渗过程能够全部完成而基本不产流。

(3)受限型入渗表示入渗过程在细颗粒土体中发生,经过一段时间即达到土壤的饱和,入渗过程停止,土体通过蓄满产流过程产生径流。

5.6.3　入渗影响因素

地表水在冻土区的入渗过程会受到多种环境因素的影响,主要有以下五个方面。

(1)温度的变化会带来冻土弱透水性的变化。

(2)外界水分的补给量及补给方式,包括降水和冰川、湖泊等各种水体的补给,都会影响入渗的效率。

(3)土壤本身的性质和结构,如土壤颗粒与分层、孔隙大小和数量、裂隙大小,以及黏土含量等因素均对入渗有较大影响。干燥而黏土含量高的土壤通常有较强的蓄水能力和毛细作用,而黏土吸湿膨胀的现象比较明显。

(4)植被根系的存在会改变土壤的孔隙度等性质,植被的蓄水能力则直接影响地表土层的水分含量和排水性能,阻止了侧流的存在,有利于水分的下渗。

(5)人为工程等方面的干扰、自然因素如动物的刨坑和洞穴等,也会影响入渗的效率。

5.7　多年冻土的水文特点

与非冻土区相比,多年冻土区的水文过程受到冻土层弱透水性的影响,具有以下四个特点。

(1)径流系数与多年冻土的覆盖度密切相关。冻土区的弱透水性使得大部分融雪和降雨变成直接径流。因此,高覆盖度多年冻土区通常具有产流率高、直接径流系数高、径流对降水的响应时间短和退水阶段时间短等诸多水文特性。随着冻土覆盖度的降低,以上特性逐渐减弱。

(2)年内径流分配表现出春夏之交径流峰值高和冬季径流小的特点。多年冻土区的径流峰值通常出现在春夏之交,此时降水和融雪产流量较大,冻土层的隔水作用较强，下渗率低，因此出现较高的径流峰值。随着时间进入夏季，活动层逐渐融化，冻结面下降，隔水作用逐渐减弱，地表径流量开始从峰值下降。至活动层完全解冻时，下渗强度加大，流域蓄水能力增强，蒸发加大，此时的活动层能够起到减弱洪峰的径流调节作用。在冬季，由于冻土层阻断了地下水对径流的补给，因此冬季径流量小，如果区域冻土覆盖率为100%，则冬季径流量甚至可能接近于零。

(3)地表水与地下水之间的水循环过程受到多年冻土特征和分布的显著影响。地下水的水位不仅受融雪和降雨补给的影响，还受活动层融化深度和冻土区补给路径的影响。活动层的变化是地下水位变化的主要控制因素。在大片连续多年冻土区，大气降水、地表水和浅层水从局部融区或基岩破碎带入渗，再侧向运移补给深层地下水，补给和排泄条件较差，地下水水量分布极不均匀，与地表水的水力联系差。在岛状多年冻土区，地下水的补给、径流和排泄条件好，地下水和地表水相互转换频繁，水力联系复杂，因此地下水类型较多。在高山多年冻土区，地下水的补给和排泄与地貌岩相带关系密切，一般以高山冰雪冻土带为补给带，山前戈壁砾石带为主要径流带，盆地中心绿洲、湖沼带为排泄带。

(4)多年冻土具有显著的生态水文效应。多年冻土阻止了活动层内的下渗过程，使活动层内保留了一定量的水分，这对于维持多年冻土区内的生态系统具有重要意义。多年冻土区的植物生长期较短，植被根系通常呈现纵向延伸较浅、横向延伸较广的特点，与非冻土区的植被相比，其持水能力较弱。一般而言，冻土的分布及特征与冻土区的植被类型具有一定的时空相关性，苔藓、灌丛、草原和草甸等不同的植被覆盖都对应着不同的土壤性质、土壤温度、土壤含水量和冻土类型，具有不同的生态水文过程。

思考

多年冻土退化导致冬季退水过程发生变化。在多年冻土退化的影响下，河流冬季退水过程明显减缓，流域退水系数在多年冻土覆盖率高的流域表现出增加趋势。但是对多年冻土覆盖率低的流域则没有影响。这是因为多年冻土的隔水作用减小后，流域内有更多的地表水入渗变成地下水，使得流域地下水水库的储水量加大；活动层的加厚和入渗区域的扩张也使得流域地下水水库库容增加，从而导致流域退水过程减缓，冬季径流量增加。同时，流域最大与最小月的径流量比值也出现了减小趋势。

多年冻土退化导致热融湖塘的扩张及消失。多年冻土退化过程中大量地下冰开始融化，多年冻土层中水被逐步排出，导致表层岩土失稳，地表会出现融沉、坡面过程加剧和热喀斯特地貌发育等现象。在一定条件下，会在沉陷凹地汇集形成热融湖。由于地表水的热侵蚀作用,热融湖塘会持续扩大,致使地面蒸发增加,从而增加了空气湿度,最终导致区域降水量的增加。如果冻土退化继续进行,整个冻土层发生融化,多年冻土的隔水板作用消失时,包括热融湖在内的地表湖泊中的水可能快速排泄,进入地下水循环,进而导致湖泊消失干涸。

多年冻土退化导致区域水循环过程发生变化。在热融湖塘区,如果融蚀贯穿多年冻土层或者侧向上沟通了其他融区,则可能发生湖水的排泄,并通过地表或地下径流补给到河流或内陆湖泊中,形成新的水文过程。在山区,多年冻土退化带来的地下冰融水会以潜水的形式向低处渗流,进入非冻土区参与水循环。在一些地区,多年冻土作为隔水顶板,封闭着一定量的承压水。当冻土层变薄,甚至某些部位出现贯穿融区时,会形成新生上升泉,补给地表水。在含冰量较少的冻土区,随着冻土的消失、融区扩大,冻土层上水将疏干,含水可容空间增加,在补给量减少的情况下,会发生区域地下水水位下降及区域地表地下水的动、静储量减少的现象,最终导致部分河流区段的频繁断流。

请思考冻土退化对环北极地区流域径流的影响表现在哪些方面?与其他冻土分布地区相比,为什么环北极地区多年径流的变化会表现出明显的差异性?

专业术语

中文	英文
地下冰	ground ice
冻结锋面	freezing front
冻土水文学	permafrost hydrology
冻胀丘	frost mound
多年冻土层上水	suprapermafrost water
多年冻土层下水	subpermafrost water
多年冻土层中水	intrapermafrost water
分凝冰	segregated ice
共生冰	syngenetic ice
基质势	matrix potential
孔隙冰	interstitial ice
零幕阶段	zero curtain period
埋藏冰	buried ice
毛细水	capillary water

续表

中文	英文
强结合水	strongly bound water
融化锋面	melt front
融区	talik
弱结合水	loose bound water
(冻土)水分迁移	moisture migration
土水势	soil-water potential
未冻水	unfrozen water
压力势	pressure potential
重复分凝成冰作用	repeated ice-segregation
重力势	gravitational potential
重力水	gravitational water

第6章　积雪基础知识

6.1　积雪研究的重要性

(1)水资源补给

全球大约有30%的陆地面积覆盖着季节性积雪。北半球则有高达60%的陆地面积是积雪覆盖区。全球陆地每年从降雪获得的淡水补给量约为5950 km^3，约占全球淡水年补给量的5%，其中北半球冬季大陆积雪储量(水当量)达2000 km^3。此外，冬季积雪和春季融雪在区域水循环、流域水文过程以及区域水资源中都占有重要作用。

(2)保温作用

积雪对地表具有重要的保温作用，主要体现在以下几个方面：①积雪是一种特殊的地面覆盖，对环境有重要影响；②雪层是优良的隔热体，积雪覆盖可以防止土壤的过度降温；③积雪深度的分布常常控制着冻土带的分布；④积雪影响着许多动物和植物的冬季生存环境，在生态系统中有不可忽视的作用。

(3)气候反馈作用

雪表具有强反射特性，融雪过程会消耗大量能量，从而影响陆地—大气间的能量交换。冰雪—反照率反馈机制是气候系统中的一个典型的正反馈机制，表现为地表温度升高，冰雪消融使得冰雪覆盖减小，从而使地表反照率降低，地表吸收的太阳辐射将增加，进而放大初始的升温。反之，地表温度降低，则会发生相反的变化，冰雪覆盖扩大，反照率增加，进而放大初始的降温。这种机制也适用于小尺度的积雪变化。初始时少量的积雪融化，导致地表颜色变暗，吸收更多的太阳辐射，从而引起更多的积雪融化。

6.2　降雪

6.2.1　雪的形成

雪是降水形式的一种，是从云中降落的结晶状固体冰，多以雪花形式存在，其形成条件包括以下几点：①大气中需含有较冷的冰晶核；②充分的水汽；③足够低的气温。

水汽在上升过程中，因周围气压逐渐降低，体积膨胀，温度降低或有新的水汽输入，使云滴周围的实际水汽压大于饱和水汽压，云滴（冰晶）就因为水汽凝结或凝华而逐渐增大。在云中，过冷水滴、水汽和冰晶并存的条件下，因为过冷水滴的饱和水汽压比冰面的大，造成过冷水滴逐渐蒸发，而冰晶则由于水汽的凝华而逐渐增大。云内较大的冰晶在下落过程中相互碰撞、粘黏在一起后，形成了不同形状的更大冰粒（雪花），如果大气层的温度足够低，这些冰粒来不及融化就降落到地表形成了降雪。

6.2.2 降雪条件

降雪的形成和发生一般取决于合适的地理和气候因素：纬度、海拔及区域大气循环特征。在纬度带上，中纬度至高纬度（即大约于南回归线以南/北回归线以北地区）气候区，降雪是常见的降水形态。在海拔梯度上，海拔 2000 m 的高山或高原降雪事件发生的概率较大。大气循环则能间接影响降雪的概率，高纬度较多的暖流支配会减少该区降雪的机会，而寒流入侵能增加降雪频次。

6.3 积雪形成

降雪在地表形成积雪，其在地表存留的时间主要受气候条件控制。在暖季，降雪在接触地表后可迅速消融，或在几天之内消融，这种积雪被称为瞬时积雪。瞬时积雪往往发生在海拔较低的地区，在消融季节海拔较高的地区也可出现。降雪在地表覆盖超过几周或几个月而不超过一年的雪层被称为季节性积雪（图 6-1）。在冷季，降雪事件发生频繁，积雪时间超过几周或几个月，因而积雪具有多层特征。雪层的最初性状由降雪时候的天气状况决定，而后续雪层的演化则由雪层内部的变质作用控制。积雪厚度（雪深）主要由降雪量的大小决定，但消融再冻结、风吹雪等因素也可能导致积雪厚度的变化。总体而言，积雪分布往往由地形、植被及风等因素共同决定，其中风吹雪加剧了积雪分布的异质性。随着时间的推移，积雪厚度不断发生改变，这与降雪的积累、密实、升华与蒸发、消融过程都有密切联系。

降雪能否累积形成积雪，主要取决于大气和地面两方面的环境。在大气方面，空气透明度会影响到达雪面的太阳短波辐射量；云会发射长波辐射；大气湍流会影响空气传输到雪面的感热和潜热通量。在地面因素中，地面温度和地形遮蔽度会影响风的吹拂和太阳照射；树冠会减少到达雪面的入射太阳短波辐射，增加长波逆辐射。

图 6-1　念青唐古拉山那根拉垭口积雪(高坛光 摄,2018 年)

6.4　积雪的分类

为研究和描述方便,积雪具有多种分类方法。

根据液态含水量(体积含水量)的不同,国际雪冰分类委员会将积雪分为干雪(0%)、潮雪(0%~3%)、湿雪(3%~8%)、很湿雪(8%~15%)和雪粥(>15%)。其中干雪代码为 D,雪温低于 0 ℃,雪结构在挤压时破坏,轻压雪层时,积雪颗粒并不相互粘连;潮雪代码为 M,雪温为 0 ℃,肉眼及放大镜看不到雪中的自由水,轻轻挤压时,雪粒会黏结在一起,并形成雪球;湿雪代码为 W,雪温为 0 ℃,可以根据相邻雪粒之间自由水的弯月面判读水的存在,但用中等力捏时,挤压不出水;很湿雪代码为 V,雪温为 0 ℃,中等力捏时可以产生自由水,但空气在雪粒之间含量较高;雪粥代码为 S,水几乎填满雪层颗粒,空气含量较少。

根据积雪在地表的存留时间,可将积雪划分为新雪和老雪。新雪是最近降落在地表,其冰晶与起初降落时的形态依然类似的积雪,而老雪的冰晶与降落之初差异很大，初始的冰晶形态已经不能辨别。在几天之内迅速消融的积雪被称为瞬时积雪；当积雪在地表存留时间不足一年的称季节性积雪，常说的“积雪”概念即指该类；在地表积累时间超过一年以上的积雪主要分布在冰川积累区或冰盖之上，称为冰川。

根据积雪日数可将积雪分为不稳定积雪（积雪日数<60 天）和稳定性积雪（积雪日数≥60 天）。

此外，根据积雪的物理属性，如雪深、形态、热传导性、含水率、雪层内晶体结构和特征，以及各雪层相互作用、积雪横向变率和随时间的变化特质等，并经验性地参考各类积雪存在的气候环境特点（如降水、风和气温），可将全球积雪分为 6 类：苔原积雪、泰加林积雪、高山积雪、草原积雪、海洋性积雪和瞬时积雪，其中我国主要的积雪类型为高山积雪和草原积雪。

6.5 积雪变化的关键物理过程及特征

6.5.1 变质作用

从大气降落到地表的雪晶随着时间的推移，其形状和大小发生改变，继而形成积雪。由于温度、压力、温度梯度的变化和粒间水的迁移，雪的物理力学性质全部或部分发生改变，即变质作用。积雪中冰雪颗粒变质过程是积雪水文研究的重要内容之一，这种变质作用会改变积雪的密度、导热系数、水传导率，从而影响积雪的能量平衡和融雪水的释放。积雪的变质作用机理与积雪类型相关，基本可以分为干雪和湿雪两类，此外风、液态水重冻结及本身重力作用等也会改变积雪的结构和密度。

（1）干雪中的变质过程

冰晶的凸面曲率半径小于凹面的曲率半径，以至于凸面的水汽压大于凹面，水汽压梯度使凸面的水汽向凹面迁移和扩散，从而使得不规则形状的冰晶结晶为圆形颗粒。水汽的扩散导致周边冰晶在凹面处生长，使冰颗粒之间相互黏合，这将增强积雪层的结构稳定性。这种水汽扩散作用会最终形成黏合良好、圆冰颗粒组成、密度更大的积雪。当雪花降落到地表积累时，这种变质作用就会发生，当积雪层温度接近 0 ℃时，这种变质作用会更加剧烈。因为在积雪内部不存在温度差异的情况下，这种取决于曲率半径的水汽扩散也会发生，所以称之为等温变质。

积雪中存在大量孔隙，这些孔隙中的水汽压一般接近或达到饱和水汽压，而饱和水汽压大小又受温度控制，那么雪层中的温度梯度会形成大的水汽压梯度，从而引起水汽的扩散。通过孔隙从温度高向温度低的水汽扩散，常会形成各种各样的多面体冰晶（如条状、层状、阶梯状、杯状等）。水汽的扩散速率、多面体冰晶大小和量均取决于雪层中的温度梯度和孔隙度。孔隙度大、厚度小的积雪多面体冰晶发育较多,而孔隙度小、厚度大的积雪多面体冰晶发育较少;此外,水汽扩散对积雪温度变化更为敏感,在冬季和早春气温梯度引起的水汽扩散占主导作用。由于凝华作用形成的冰晶发生在邻近的冰晶底部而不是在冰晶之间的连接点,所以会使其不能很好地连接到冰晶上,从而导致积雪层结构的稳定性下降和塌陷。这种类型的变质也被称为气温梯度变质。

(2) 湿雪中的变质过程

冻融循环和降雨会改变雪层中的冰晶大小、形状和黏合度。在湿雪中冰晶的变质主要由于小冰晶的融点比大冰晶低,当低于冰点的积雪温度升高,小冰晶由于融点较低首先融化,同时吸收周围大冰晶的能量,以至大冰晶温度更低并冻结雪层中的自由水,造成大冰晶"吞噬"小冰晶。这种情况也会发生在冰晶间的连接处,尤其当来自上部积雪重量形成一定压力时,这种情况会更加明显。雪层孔隙中的液态水也会加速冰晶间能量的交换,当液态水充足时,大的圆冰晶颗粒增长得更迅速。

冰晶间的这种消融—冻结融合会减弱雪层结构的稳定度,但由于冰晶之间更紧密而会增大雪层的密度。消融和降雨时,冰晶和冰晶表面水膜的毛管水的重冻结会增加雪层的强度。这种冻结—消融变质作用主要发生于季节性积雪的后期。

(3) 其他的积雪变质过程

风的作用、液态水的重冻结、积雪表面的升华及积雪本身的压力都会改变积雪的密度和结构。风的作用会在积雪表面形成一个密度大的干雪层,也被称为雪壳。积雪表面的融水和降雨在积雪内部的重冻结会在地表形成底冰。在寒冷、晴朗、无风的夜晚,积雪表面的凝华作用会在积雪表面形成霜。

6.5.2 积雪密度和密实化

积雪密度即地面积雪层中单位体积的质量,单位为 kg/m^3 或 g/cm^3。一般来说,积雪密度是随积雪变质作用的进程、雪层液态水含量的增加、孔隙度减少而逐步增大的,积雪密度的逐步增大过程,称为密实化过程。孔隙度是积雪动态变化的一个重要参数,其随积雪经历各种变质作用而减少。

积雪的密实化过程反映了积雪的变质过程,初始的新雪密度主要由冰晶的类型和结晶量决定,新雪的密度一般为 $40\sim100\ kg/m^3$;在消融期后期,积雪密度可高达 $500\ kg/m^3$。

6.5.3 积雪的热传导

积雪内沿着温度梯度方向发生的热量传输主要包括3个过程:①积雪中冰晶的固体热传导;②积雪内孔隙中的空气热传导;③由于水汽分子扩散的潜热传导。

冰晶的热导率约为空气的100倍，所以积雪的热导率主要受控于冰晶体之间的黏合程度及积雪的整体结构。通常积雪孔隙中的空气热传导可以忽略，但如果积雪孔隙中因凝结/升华产生的潜热形成水汽传输，其最高可增加50%的热传导量。从温度较高的冰晶颗粒表面蒸发或升华的水汽，通过雪层内的孔隙扩散到外界大气或在较冷的冰晶体表面凝结，在这个过程中会产生一个沿着温度梯度方向的潜热传导。

积雪的热导率通常指的是固体热传导和潜热传导的一个组合结果，其中冰晶的传导率一般随温度的升高而减小，但潜热传导恰恰相反，总体看来，积雪的热传导会随雪温的升高而增加。

对于冰晶间黏合度高且经过风压实后的积雪，热传导率(k_{eff})与雪密度(ρ_s)呈现良好相关性，而对于冰晶间黏合度低的浓霜，k_{eff}与ρ_s的相关性会很差或者不存在相关，浓霜的k_{eff}只是相同密度且冰晶黏合度低的其他薄雪的1/4～1/2，其k_{eff}常采用一个简单的统计值。

当雪的密度高达0.6 kg/m³时，雪的有效热导率仍然小于固体冰的热导率，而当雪的密度非常小时，有效热导率与空气的热导率(0.024 W/(m·K))相当。

6.5.4 积雪温度与冷储

(1)积雪温度

雪层的温度取决于雪—气接触面上的太阳辐射、感热、潜热、雪面长波辐射、大气长波辐射及地表热通量的能量交换过程，由于积雪内复杂的能量迁移过程，积雪层温度存在显著的日变化和季节变化特征。

(2)积雪的冷储

积雪的冷储定义为将积雪从当前温度升高到0 ℃恒温条件时所需的热量。为了便于水量平衡计算，一般将其转化为释放同等热量需多少液态水(包括降水和积雪融水)发生再冻结。

6.5.5 雪中液态水

表层的积雪融水和降雨进入积雪层内，首先将满足积雪的冷储，逐步达到积雪的持水能力。此后，剩余的液态水将在雪层内下渗到达土壤表面，然后发生超渗或蓄满产流。

受积雪表面降雨或消融的影响，积雪中的液态水含量随时间而变化。夜间积雪中的含水量变化幅度很小，而当白天积雪大量融化时，由于融雪水的下渗，导致积雪的质量含水量变化幅度可达到30%。

积雪中的液态水含量会影响消融，对于高含水量的积雪，单位能量的输入会从积雪中释放更多的水。在计算积雪消融时,须考虑积雪中的液态水含量及冷储的影响,一般可使用一个无量纲的参数——热量(B)来反映,即 B 被定义为 0 ℃时融化单位质量积雪所需能量与消融单位质量冰所消耗能量的比值。

融化单位质量积雪所需的能量包括:①提高雪温到 0 ℃所需的能量;②融化积雪中固态的冰晶所需的能量。当积雪温度达到 0 ℃,并且包含一定的液态水,那么$B<1$。当积雪温度低于冰点 0 ℃时,$B>1$。对于含有液态水、温度为 0 ℃的积雪来说,忽略积雪中空气的影响,热量(B)也就等于积雪中冰的质量比。

6.6　积雪分布

6.6.1　积雪面积

积雪面积是指积雪覆盖区域的范围。据 1966—2014 年 NOAA 积雪遥感资料,全球积雪面积最大可达约 47×10^6 km²,约占全球陆地面积的 31.5%,其中有 98%分布在北半球。在南半球,除南极洲之外鲜有大面积陆地被积雪覆盖。

积雪面积季节变化明显,北半球月均陆地积雪面积最小为 1.9×10^6 km²(8 月),最大可达 45.2×10^6 km²(1 月)。北半球平均积雪面积夏季最小,年际变率相对变化最大,而秋季降雪造成积雪范围扩张,积雪面积绝对变化量最大,而冬季积雪空间分布变化则不大。

我国一般以年内累积积雪日数≥60 天作为标准来划分稳定积雪区和非稳定积雪区。据基于观测结果修正的 MODIS 积雪数据,中国稳定积雪区面积为 334.4×10^4 km²,非稳定积雪区面积为 490.6×10^4 km²。其中,中国三大积雪区东北—内蒙古区稳定积雪区面积达到 117.9×10^4 km²,青藏高原则为 153.7×10^4 km²,新疆地区稳定积雪区面积最小,仅为 56.8×10^4 km²。

6.6.2　积雪日数

在现今中国积雪研究中,积雪日的界定存在两种标准:第一种是根据天气现象来定义的,即当观测场上视野范围内一半以上被积雪覆盖时,记为积雪日;第二种是根据积雪深度来定义的,即当积雪面积达到观测要求,且其深度达到 1 cm 时,记为积雪日。积雪日数是一段时间内积雪日的总和。

积雪覆盖地表的时段通常能反映某一地区积雪的多寡。在全球范围内,纬度越高,积雪日数越长,格陵兰冰盖被积雪全年覆盖,随着纬度降低,积雪日数逐渐减少。中国的青藏高原被誉为地球第三极,尽管其纬度较低,但降雪量较大、积雪日数较长，属于同纬度带积雪覆盖周期较长的地区。

基于MODIS遥感积雪数据分析，我国积雪日数较高的地区主要集中在新疆、东北地区及青藏高原，其中青藏高原积雪日数较高的地区主要集中在高原南部，以及喀喇昆仑山、昆仑山、祁连山、喜马拉雅山等高大山系及其周边地区。

6.6.3 雪深

雪深即从积雪面到地面的垂直深度，以厘米(cm)为单位，是一个可以随着积雪的加深不断累积变化的数值。一般通过测量标准气象观测场上未融化的积雪得到。加拿大气象中心(Canadian Meteorological Center，CMC)利用1999—2013年北半球12月至翌年2月平均雪深数据计算了北半球月平均雪深，结果表明，随着纬度升高，雪深呈现增加趋势。

被动微波遥感数据与实测数据融合，是获取大尺度雪深分布的有效手段。通过研究发现，中国雪深高值区主要分布在东北地区、新疆地区以及青藏高原三大区。具体来讲，新疆地区的雪深高值区主要分布在天山及阿勒泰地区；东北地区则主要分布在大兴安岭山区及高纬度的漠河地区等；青藏高原则主要分布在高大山系，包括祁连山、喜马拉雅山脉、念青唐古拉山、喀喇昆仑山及昆仑山等地区。

6.6.4 雪水当量

雪水当量即雪的当量水深度，是积雪层完全消融后所得到的水形成水层的垂直深度。目前，其直接观测手段有测雪板、雪枕及伽马射线等；也可通过积雪深度(d_s)和密度(ρ_s)计算获得。这里的积雪水资源量是指积雪的总雪水当量，不是融水资源量。

基于1999—2013年雪深及密度估算数据，北半球10月至翌年6月的积雪水资源量(雪水当量)总体变化趋势与雪深分布类似，逐月变化从10月开始逐渐增加，到1—2月达到最大，此后受气温增加的影响积雪消融加快，导致积雪储量依次逐渐降低。

中国积雪水资源主要集中在新疆、青藏高原及东北地区，以上三大积雪区最大积雪储量约为95.9×10^9 m^3，约为长江多年平均径流量的10%。积雪在年内的分配受气温和降雪分配所支配，我国青藏高原积雪主要受降雪在年内分配的影响，春、秋两季最多，冬季反而较少或最少。而我国其他地区则与青藏高原呈现相反的趋势，积雪集中在冬季最寒冷的月份。

6.7 积雪观测

降雪量是从天空中降落到地面上的固态水未经蒸发、渗透、流失，在水平面上积聚的液态水层深度，以毫米(mm)为单位，一般用雨量筒测量。降雪与降雨一样，也有降雪强弱之分。单位时间的降雪量称为降雪强度，以毫米每小时(mm/h)为单位。有时也用降雪在平地上所累积的深度(雪深)来度量。

6.7.1　地面观测

目前，在积雪分布广泛的欧洲、北美地区以及我国都已建立了完善的积雪观测系统。积雪观测项目和内容也在不断扩充和完善，包括雪深、降雪量、积雪密度、反照率、积雪含水量、粒径、雪层内部变质作用、雪水当量和积雪温度等要素。观测手段从之前单一的人工观测发展为现在的自动化综合观测系统。据世界气象组织(WMO)不完全统计，35 个 WMO 成员国的降雪监测点达到 17 561 个。在我国，大范围的积雪监测网建立于 20 世纪 50 年代，监测站点主要分布于积雪丰富的新疆、青藏高原和东北地区，观测内容主要包括降雪量、雪深及积雪日数等。

积雪地面观测布点须依据观测目的而定，但其一般原则包括以下几个方面。

(1)便利性。要求观测点选择在交通便利的地方，以便于数据的维护和持续观测。

(2)代表性。积雪时空分布差异性很大，根据观测目的要选择合适的观测方法，明确观测时段和频次，同时观测点的密度和位置要求具有一定的科学性和代表性。科学性包括观测的规范、准确，同时根据目的，观测能够满足需求。就积雪水文而言，观测参数包括降雪量、雪深＋雪水当量、雪密度、含水量、雪粒径、雪温度及反照率等。

(3)安全性。积雪观测往往面临着恶劣的天气或雪崩等不可预知的危险，在保证获取数据可靠性的基础上，尽量避开恶劣的天气和雪崩易发时段和区域。

6.7.2　遥感观测

遥感技术能大范围、实时地获取地球参数信息，弥补了传统观测的不足。早在 40 多年前，遥感就在积雪水文过程中展示其重要性，美国国家气象局(National Weather Service，NWS)利用 NOAA-AVHRR 业务生产了北美 3000 个流域的积雪面积制图。遥感的出现为流域水文过程研究起到了重要的推动作用。随着科学技术的不断进步，传感器性能提高，参数反演方法不断成熟，积雪参数估计精度越来越高，出现了高质量的积雪参数产品，并且广泛地应用于流域水文研究。

积雪水文过程涉及积雪面积、雪深或雪水当量、积雪密度、积雪粒径、积雪温度、反照率等参数，它们在一定程度上都能利用卫星遥感反演获得，但以积雪面积和雪深(或雪水当量)的遥感反演应用最为广泛。

光学遥感数据主要用于积雪面积、雪粒径、雪表面温度的反演，被动微波遥感数据用于雪深和雪水当量的反演，而主动微波用于湿雪的判别。广泛应用的全球或北半球的积雪产品包括 IMS(the Interactive Multisensory Snow and Ice Mapping System)积雪面积产品、MODIS(Moderate Revolution Imaging Spectroradiometer)积雪系列产品(包括积雪面积和反照率)、NASA(National Aeronautics and Space Administration)和 ESA(the European Space Agency)被动微波雪水当量产品、GLASS(Global Land Surface Satellite)反照率产品等。

思考

全球积雪雪水当量从 10 月开始逐渐增加，到 1—2 月达到最大，此后受气温升高的影响积雪消融加快，导致积雪储量逐渐降低。研究表明，北半球积雪的最大水当量约为 3000 km^3，与北半球最大积雪面积相比，相当于 65 mm 的平均雪水当量。雪水当量的最大值在一年中出现的时间依赖于地理位置。例如，在芬兰南部一般出现在 2—3 月，而芬兰北部大约出现在两个月以后，平均雪水当量一般为几百毫米。

请思考：全球积雪和雪水当量的上下边界处于怎样的季节变动中，其分布的地带性规律是什么？

专业术语

中文	英文
风吹雪	drifting snow/blowing snow
干雪	dry snow
积雪	snow cover
密实雪	compacted snow
湿雪	wet snow
雪硬度	snow hardness

第7章　积雪水文过程及特征

从积雪至积雪融水到达地表形成融雪径流主要包括以下几个关键过程：积雪积累与密实化过程（详见第6.5节——积雪变化的关键物理过程及特征）、积雪的消融过程、融雪的运移过程以及融雪径流过程。

7.1　积雪消融及水量平衡

7.1.1　积雪水量平衡原理

积雪的水量平衡由积雪的积累和消融过程共同决定。对于某一特定时间段内，单点上积雪的水量平衡变化可由下式表示：

$$\Delta SWE = Q_c - Q_a \tag{7.1}$$

式中：ΔSWE为雪水当量的变化量；Q_c、Q_a分别为积雪的净积累量和净消融量。对于一个完整的积雪期，积雪的水量平衡为零，即：

$$Q_c = Q_a \tag{7.2}$$

降雪P_{snow}是积雪最主要的物质来源项，降雪的多少直接决定雪水当量的大小。同时，积雪的积累项还包括降雨冻结成冰量P_{rain}、空气中的水汽在积雪表面凝结成冰量Q_i，因此，积雪的积累量Q_c可表述为：

$$Q_c = P_{\mathrm{snow}} + P_{\mathrm{rain}} + Q_i \tag{7.3}$$

积雪的消融项主要包括积雪升华损失量和积雪融化量两部分。在积雪消融期，积雪融化是积雪最主要的消融项，部分地区的积雪日最大消融速率可达7～8 cm/d，小时积雪消融速率可达0.1～0.3 cm/h。但是，就整个积雪期而言，积雪升华对积雪的水量平衡至关重要。另外，树木、灌丛及风吹雪等过程会造成积雪重分布而影响积雪的物质平衡过程，因此，积雪的消融损失量Q_a可表达为：

$$Q_a = Q_{is} + Q_s + Q_e + Q_m \tag{7.4}$$

式中：Q_{is}为林冠截留升华量，Q_s为积雪升华量，Q_e为雪层中液态水蒸发量，Q_m为积雪融化损失量。

而完整积雪期的物质平衡方程可表述如下：

$$P_{snow}+P_{rain}+Q_{is}+Q_{s}+Q_{e}+Q_{m}\pm\Delta Q=0 \tag{7.5}$$

式中：ΔQ 为由雪崩、风吹雪等其他因素造成的积雪迁移量；其他变量表示意义同前；所有项的单位均为 kg/m^3。

7.1.2 影响积雪水量平衡的主要因子

气温和降水是影响积雪积累和消融最直接的因素：降水直接决定了积雪的物质来源，气温则控制了降雪和积雪消融过程的发生。除了降水和气温外，海拔、地表植被状况、坡度、坡向和风等也对积雪的积累和消融过程有一定影响。

(1)气温

气温主要通过影响降水的形态(降雪、降雨和雨夹雪)来影响积雪的累积过程。然而，区分降水各种形态的温度阈值并不是固定不变的，而是与海拔和相对湿度密切相关。在不同区域，降雨和降雪过程发生的温度范围也存在差异，因此，在很多情况下不能直接将 0 ℃作为区分降雨和降雪的温度阈值。通常将 2℃以上作为降雨的温度阈值，－2℃以下作为降雪的温度阈值，－2～2℃作为雨夹雪的温度阈值。

气温直接控制了积雪的消融过程，而海拔梯度是影响气温主要的地理因素。在某一地区，气温随海拔梯度而降低的数值被称为气温直减率。气温直减率具有时空异质性。在空间尺度上，气温直减率从东部沿海向西部内陆地区呈现逐渐增大的趋势，至青藏高原达到最大值。在时间尺度上，气温直减率有明显的季节变化特征，与温度呈正相关关系，而与空气湿度呈负相关关系。在缺少实际观测时，一般以 0.65 ℃/100 m 为寒区常用的气温直减率。

(2)降水

在高海拔山区，降水主要以降雪的形式出现。降雪是积雪过程的主要物质来源，海拔梯度则是影响降水形态主要的地理因素。由于降水量随海拔而变化，在不同地带、海拔、坡向、季节和干湿年份，降水存在着很大差异，这也使得山区的降水过程和积雪分布呈现显著的地带性分布规律，而且也具有很大的不确定性。降水的海拔分布是形成积雪分布海拔效应的主要原因。

(3)植被状况

植被，特别是森林，对积雪的积累和消融过程均有显著影响。在大陆性气候显著且森林和灌丛广泛分布的地区，森林、灌丛等截留的积雪通过升华和蒸散发等方式进行消耗，它们是影响积雪积累过程最重要的因素。地表的植被特征对降雪的截留率也存在显著影响。林分类型和降雪量是影响森林地区地表积雪空间分布的主要因素，积雪的类型对其也有一定影响。

同时，区域微地形和地表覆盖类型的差异也会导致温度分布、辐射传输、风速、风向等发生变化,进而影响积雪的消融过程。

(4)风吹雪和地形

风是积雪重分布的主要的动力来源,地形(如山谷和山脊)和地表覆被情况(主要指裸土、植被和灌丛)的差异显著影响风吹雪的结果。在某些积雪丰富的山区,风吹雪是控制地表积雪发展和积雪空间分布异质性的主要因素,风速和积雪年龄,特别是表层积雪的性质决定风吹雪的程度。风吹雪发生的最低风速称为风吹雪临界风速。对于较为干燥、松散的新雪,风吹雪临界风速介于 0.01～0.25 m/s;而伴随着积雪堆积过程的发展,积雪密实作用使雪粒间的相互作用增强,风吹雪的临界风速逐渐增大至 0.25～1.0 m/s。另外,雪层中液态含水量增加了雪粒间的黏结力,从而也会引起风吹雪临界风速的增加。风吹雪产生的积雪升华也是积雪消融的重要组成部分。

地形和地表覆被条件不同会影响积雪的分布。首先,地形在一定程度上影响风的方向和大小及其在空间上的分布特征,不同的地貌特征通过改变地表的粗糙程度而影响近地层的空气动力学特征。其次,不同的地形和地表条件直接影响积雪的容纳量和季节差异。

7.2　积雪消融模拟

积雪消融的模拟主要涉及简单的单一气温指标模型和能量平衡模型。目前融雪模型大体上可以分为两大类:统计模型(度日因子模型)和物理学模型(能量平衡模型)。

7.2.1　度日因子模型

度日因子模型(degree-day model,DDM)指利用正积温和度日因子计算冰、雪融化量,并结合其他方法计算积累量的数据模型。积雪消融实质上是能量的交换与转化,而气温是反映辐射平衡状况的一个综合指标,且对于其他的气象参数和能量指标更容易获得。度日因子消融模型是基于冰雪消融与气温,尤其是正积温之间的线性关系而建立的。综合众多研究,度日因子模型的形式一般为:

$$M = DDF \times (T_{air} - TT) \tag{7.6}$$

式中:M 为某一时段积雪的消融水当量(mm w. e.);DDF 为度日因子(mm/(℃ · d));T_{air} 为气温(℃);TT 为融雪的临界温度,一般取 0 ℃,具体工作中可根据研究区的实际情况进行调整。

在早期的研究中,为了简化问题,度日因子一般设为固定值,但随着模型的发展,可变度日因子的方案也逐渐得以应用。为提高模型模拟的精度,一些复杂的度日因子消融模型也考虑了辐射、风速等要素。相关研究也表明,融合其他要素的度日因子模型在模拟效果上显著提高。融入辐射变量后的度日模型的表现形式一般为:

$$M = DDF \times (T_{air} - TT) + aR \tag{7.7}$$

式中:a 为辐射调整系数;R 为太阳短波辐射或者净辐射,其他变量表示意义同式(7.6)。

度日因子消融模型计算比较简单,气温为模型的主要变量,相对于其他观测要素,气温更易获得且模型的分布式计算很容易实现。基于这些特点,度日因子消融模型已被广泛应用于冰雪消融计算及冰雪融水径流模拟等研究中。

7.2.2 能量平衡模型

能量平衡模型(energy balance model)是基于物理过程的点尺度能量平衡融雪模型,可通过气象及能量观测数据估算雪面的能量交换,从而计算融雪量。能量平衡主要包括以下几个部分:①积雪储热变化;②净短波辐射和长波辐射;③地下的热传输;④大气和积雪之间的热传递;⑤蒸发/升华潜热;⑥降雨所传送的热量。

积雪消融能量平衡模型的具体计算方法与冰川能量平衡模型基本一致。由于太阳辐射在积雪中的穿透性、雪层的温度梯度,以及融雪水或雨水在积雪内部的入渗和冻融等原因,在建立能量平衡模型时,需要把积雪考虑成一个体而不是一个面。

目前,大多融雪模型中均采用双层或多层能量平衡融雪模型。双层积雪模型是指将积雪层分为两部分:较薄的积雪表层(融化层)和积雪下层(非融化层),并假定大气、冠层和积雪的能量交换仅发生在积雪表层,通常取积雪表层的厚度为 10 cm。积雪表层与积雪下层的能量和物质交换只有当有固态冰的交换或融雪水从上层进入下层时才发生。通过传导和扩散方式,在上下雪层之间或者地表与土壤之间进行的能量交换可以忽略不计。如果积雪中的含冰量超过上层的最大厚度(SWE 中一般取为 10 cm),那么超出部分连同其要吸收的热量一起分配给积雪下层。如果雪中液态水含量超过积雪表层的最大蓄水(液态水)能力,那么多余部分也会流进积雪下层。如果下层温度低于 0 ℃,来自积雪表层的液态水会再冻结,同时释放能量给积雪下层。任何超过积雪下层最大持水能力的液态水都会进入土壤层或直接产流。

7.2.3 模型比较

度日因子模型的基本输入数据为气温和降水,其结构简单,输入数据易获得,便于实际操作,所以现在很多流行的融雪径流模型中的融雪模块常采用度日因子模型。但度日因子模型存在明显的时空差异,外延拓展能力差,应用于预估研究中可能存在很大的不确定性。能量平衡模型的基本输入数据包括气温、降水和能量分项等，相比度日因子模型来说，其在体现融雪过程的物理学意义及研究复杂情况的融雪量计算方面具有很大优势，但能量平衡模型结构很复杂，需要大量的数据支持，其中能量数据获得难度较大，在实际应用中存在一定困难，多用于小尺度有大量观测数据的区域/流域，而在大尺度融雪和径流模拟计算中应用有较大难度。然而，随着观测手段和遥感技术的发展，能量平衡模型将是今后积雪水文模拟的一个重要的研究方向。

7.3 融雪的运移过程

积雪径流形成过程分别为：降雪、冬季存储、春季消融、坡面产流和汇流。从积雪至积雪融水到达地表的过程主要包括以下3个环节：①表层积雪融化形成积雪融水；②融雪在积雪空隙运移过程中，因下层积雪较低的温度通过重冻结形成固态水，积雪融水（或雨水）重冻结过程中释放的潜热加热雪层，致使雪层温度升高；③积雪融水在积雪空隙中运移。

7.4 融雪径流产汇流路径

和降雨径流过程相比，积雪水文过程具有显著的差异。积雪融化结束前，上层土壤处于冻结状态，积雪融水在土壤中的下渗能力有限，一旦融水到达地表，融水将在雪层底部快速汇聚并形成地表径流。积雪融水到达地表以后，通过四种汇流方式进入河道：直接产流、坡面汇流、壤中流和地下径流。

7.4.1 直接产流

直接产流（direct runoff generation）是指降水（包括固态降水、液态降水和固态—液态混合类型的降水形式）直接降落在河道内流动的水中，它是形成径流最直接、最有效、最快速的方式。但是，这种产汇流方式也有一定的条件限制：首先，降水必须降落在流动的水中；其次，河道未封冻。总体上，由于河道特别是水面占整个流域面积的比重基本上可以忽略不计（通常小于1%），直接产流对流域总径流量的贡献基本上也可以忽略不计，因此，水文过程研究很少考虑直接产流过程。但是，在湿地或湖泊分布较多的地区，特别是当湿地或湖泊面积达到一定比重之后，直接产流成为最重要的产汇流方式之一。在寒区，湖泊或湿地也可能经历封冻—解冻过程，当水面封冻后，冬季降雪以积雪的形式在冰面上储存下来，直到积雪融化和河道解冻，积雪和融水直接形成径流。

河床沟槽状的地形在一定程度上有利于积雪的累积，特别是在风速较大的流域，风吹雪造成的积雪重分布现象也有利于积雪在河床积累。在河冰较为发育的流域，冬季大量的积雪堆积在河冰表面(图 7-1)。在积雪消融初期，因河冰阻滞了积雪融水的路径，大量的积雪融水在河冰表面形成径流。随着径流的进一步增加，积雪融水直接挟带河冰表面积雪形成了雪水混合径流，此时的固态积雪将作为径流的一部分直接参与产汇流过程。

图 7-1　冬克玛底流域河床积雪(高坛光 摄，2020 年)

7.4.2　坡面产流

坡面产流(slope runoff generation)是指雨水或者积雪融水接触地面以后，在地表直接形成径流的产汇流形式。当雨水或者积雪融水接触地面以后，主要有两种运动形式：一是通过下渗形成壤中流；二是当到达地表的雨水或者积雪融水超过表层土壤的下渗能力，或者表层土壤处于饱和状态时，直接形成坡面径流。和降水的产流过程不同，在融雪过程中，积雪下覆的土壤层一般处于冻结状态(仅有表层一层薄薄的土壤层因积雪融水的能量输入而处于融化状态)，因为冻土相对较低的通水性(低渗透系数)，积雪融水(或雨水)很难通过下渗补给土壤层，大量的积雪融水(或雨水)直接通过坡面汇流的方式到达河床。春季融雪期在阿尔泰山的融雪观测实验显示，积雪融水直接通过坡面汇流的方式形成河川径流是非常常见的。

7.4.3 壤中流

壤中流(interflow)是指积雪融水或者雨水到达地面以后，通过下渗作用进入表层土壤，迅速汇流并形成径流的产汇流方式。和深层土壤的物理结构相比，相对松散的表层土壤的下渗能力大于深层土壤，因此，壤中流的产汇流方式总是存在的。特别是在积雪融水和雨水充足的情况下，当深层土壤处于冻结状态时，下渗的水分能够通过表层土壤中的水流通道快速到达河床，进而形成径流。其主要阶段如下：在融雪初期，积雪融水首先补给表层土壤，土壤层中前期储存的土壤水在积雪融水的作用下首先发生排泄补给河流；随着融雪过程的进一步加强或伴随降水过程的发生，大量水分进入表层土壤中，致使表层土壤层中的水分含量急剧增加，继续以壤中流的形式补给河流。在干旱半干旱地区，上层土壤水分往往在春季融雪期间达到全年的极大值。

7.4.4 地下径流

地下径流(ground water runoff)和壤中流不同，地下水在重力和外界压力的作用下，通过岩石空隙补给河流。多年冻土和季节冻土地带地下水流动方向和速度的机制相同，其计算的理论基础是达西定律(Darcy's law)，其中饱和水力传导系数 K_w 与孔隙度、孔隙大小及土壤破碎程度有关，在冻土中，冰晶所占孔隙对其也有较大影响。此外，地下冰的形成会阻滞地下水的流动，土壤的冷凝程度与土壤水的化学浓缩对土壤冰晶的形成影响较大，若土壤中裂隙含有冰，那么多年冻土往往被视为地下水流动系统中的不透水层或者弱透水层。

7.5 融雪径流的时间滞后

受到气候、土壤和地形因素的影响，融雪径流形成的时间要远远滞后于降雪发生的时间。造成时间滞后的原因主要包括：积雪冷储、积雪持水能力和积雪融化。和积雪冷储引起的时间滞后相比，积雪持水和液态水在雪层中运动引起的时间滞后太短，基本可以忽略不计。以上的计算都是基于整个积雪层为均质这一假设进行的，但在实际的积雪层中，由于地形、植被等的差异，经常出现积雪融水的快速流动通道(如沿着灌丛的茎秆)，这种情况的出现有利于积雪融水快速聚集并到达地面。因此，在实际积雪的条件下，积雪融水到达地表的时间延迟更加难以估计。

7.5.1　积雪冷储

积雪冷储引起的时间滞后是指积雪从当前积雪温度升高到 0 ℃时所需要的时间，可由积雪冷储、降雨强度和融化速率计算得出：在积雪消融初期，雪层的冷储较大；随着积雪温度的升高，在相同能量输入的前提下，积雪的融化速度加快。因此，在积雪消融后期，积雪的消融速率远大于积雪消融前期，积雪出现加速消融现象。降雨对积雪的消融过程至关重要，往往较小的降雨过程就可导致积雪的快速消融。

7.5.2　积雪持水能力

积雪的持水性也在一定程度上延缓了积雪融水到达地面的时间。表层积雪融水在向下运移的过程中受到重力和积雪固体颗粒黏滞力的共同作用。在底层积雪的液态水达到饱和前，积雪颗粒的黏滞力总是起到一定作用。由积雪的持水性引起的时间延迟t_f可由下式计算：

$$t_f=(f)(SWE)/[100\ (P_r+M)] \tag{7.8}$$

式中：f 为积雪的液态水持水能力，SWE 为雪水当量(cm)，P_r 为降雨强度(cm/h)，M 为融化速率(cm/h)。

和积雪冷储引起的时间滞后相比，积雪的持水特性诱发的时间延迟相对较小。在积雪的融化过程中，一旦积雪中液态水含量达到积雪持水能力，雪层中的液态水开始快速释放，进而积雪融水在积雪底部形成地表径流或通过下渗形成壤中流。在夜间或遇到天气变冷事件时，储存在积雪层中的液态水通过重冻结作用重新冻结成冰，此时根据重冻结作用发生的程度，需要重新对积雪的冷储进行评估，并重新计算有积雪冷储和积雪的持水特性引起的时间滞后。

7.5.3　积雪融化

一旦积雪层温度达到 0 ℃，且积雪中液态水含量达到饱和状态时，积雪的进一步融化将引起积雪融水径流。积雪融水在饱和积雪层中的运动也将引起融雪径流一定时间的滞后。饱和积雪层中积雪融水从形成至到达地表的时间可简单由下式计算：

$$t_t=d/v_t \tag{7.9}$$

式中：t_t、d、v_t分别为液态水在积雪层中运移的时间(h)、积雪层厚度(cm)和液态水的运动速率(cm/h)。然而，相对于积雪冷储引起的时间延迟来说，积雪融化在积雪层中的运动和时间滞后基本上是可以忽略的。另外，在计算过程中，我们用到的液态水运动速率也存在较大的不确定性。目前，在大部分的积雪消融模型中，并没有考虑由积雪融水在积雪层中运动引起的时间滞后。

7.6　融雪径流预报方法

径流预报按预见期可分为短期径流预报和中长期径流预报，一般以流域汇流时间为界，凡预报的预见期小于流域汇流时间的称为短期预报，预报的预见期大于流域汇流时间的称为中长期预报。融雪径流预报是径流预报重要的分支之一，相对于降雨径流预报而言，因为存在积雪和融雪物理过程，而更为复杂。融雪径流预报主要根据热力学原理，在分析大气与积雪层的热量交换，以及雪层中“雪—水—冰”混合系统的热量交换的基础上，考虑雪层特性，如雪的密度、雪水当量、导热性、透热性、反射率、雪层结构等，以及下垫面情况，如冻土影响、产水面积等，选定有关水文、气象等因子，借助数学模型或相关图预报融雪出水量、融雪径流总量、融雪径流峰值流量及其出现时间等，主要有融雪水文模型和大气水文模型耦合两种方法。

7.6.1　融雪水文预报模型

流域径流预报是根据径流形成的基本原理，直接从实时气象数据和积雪观测信息预报流域出口断面的径流总量和径流过程，前者称为径流量预报（又称产流预报），后者称为径流过程预报（又称汇流预报）。流域汇流时间是流域洪水径流预报可能获得的理论预见期。

目前，流域融雪径流预报方法主要应用的是融雪径流模型方法，即以实测的气温、降水及积雪信息作为模型系统的输入，经过系统的作用，输出流域出口的流量过程。因此，建立融雪径流预报方案时，首先要选择或建立融雪径流模型；其次要用实测融雪径流资料来率定及调试模型参数；最后采用实测的气象观测数据驱动优化后的融雪径流模型进行径流预报。随着人们对流域产汇流过程认识的深入和计算机的发展，出现了大量的融雪径流模型，目前国内外具有代表性的水文模型有 SRM、HBV 模型等。

7.6.2　大气水文模式耦合

提高融雪径流的预报精度、延长预见期的关键是引入更多的气象信息，其中一个有效的途径是在径流预报模型中耦合气象数值预报模式，提前获取即将发生的气温、降水信息。近年来，随着计算机、探空探测技术的发展，数值预报模式取得了迅速的进展，出现了许多高分辨率的中尺度数值天气预报模式，如加拿大的 MC2（Mesoscale Compressible Community）、美国的 WRF（Weather Research and Forecasting Model）、中国的 GRAPES（Global/Regional Assimilation and Prediction System)等，定量气象要素预报空间分辨率的精度和预见期的时间尺度显著提高。采用单向和双向方法，将数值天气预报模式与水文模型进行耦合，从而进行流域径流预报，这样会获得比传统预报方法更长的预见期。

大气模式与水文模型结合进行融雪径流预报的具体思路如下：以历史气象、水文和积雪观测数据对要采用的水文模型进行参数校正；考虑气象预报场数据，其空间分辨率和时间分辨率有时无法达到水文模型的需求，所以采用数值天气模式对其进行时空降尺度，从而输出高时空分辨率未来几天的气象数据（气温、降水、辐射等），实现有限区域的数值天气预报；将数值天气模式输出的气象预报数据结合积雪信息数据，与水文模型耦合（单向或双向），预报流域水文断面的流量、流量过程线及洪峰数据等。

7.7　融雪径流特征

积雪是重要的固态水资源库，积雪融水也是河川、湖泊重要的淡水补给来源。积雪的消融过程主要受控于能量输入，前期积雪积累量和能量输入的时空差异决定了积雪产流量的大小和时空差异性；而降雨径流的水文过程主要取决于降雨时间和降雨量。因此，积雪融水型的径流过程明显区别于降水型径流过程。

7.7.1　日内过程

积雪的消融量都可简单地用能量的输入量来表示，积雪的消融量与能量输入量存在显著的正相关关系。由于能量输入的日变化过程，积雪的消融过程也表现为随日温度变化的日变化过程。积雪的日变化过程具有以下特征。

(1)晴天积雪主要发生在白天且集中于下午，而阴天或在积雪消融过程的后期，积雪的消融过程可全天进行。

(2)在日平均气温低于 0 ℃时，积雪的消融速率较低；而当日平均气温持续高于℃时，积雪的消融速率显著加快。

7.7.2　年内过程

(1)积雪的消融过程直接受控于能量的输入过程，因此温度可以直接影响积雪的消融过程。山区积雪的消融过程总是从低到高随海拔梯度变化，并且阳坡的积雪消融早于阴坡。因此，积雪融水对发源于山区河流的补给要持续几周至几个月的时间。3—6 月一般是积雪融水集中补给北半球河流的时间。在我国，积雪融水的补给时间集中在 4—6 月。

(2)积雪消融速率呈现逐渐增加的趋势。消融初期,由于积雪层较大的冷储,外界热量首先需要加热雪层,积雪的消融过程一般发生在积雪的表层;随着积雪温度的升高,整个积雪层逐渐达到融化的临界状态,外界较小的能量输入即可引起积雪的快速消融,从而表现出积雪快速融化的现象。

7.8 多年冻土区的融雪径流

积雪与冻土的影响是相互的。一方面,积雪的热绝缘作用显著影响冻土的冻融过程。另一方面,冻土层的低水力传导系数明显改变融雪径流的产汇流过程。

积雪对冻土的影响已经受到了广泛关注。和草地、裸地等下垫面相比,积雪具有较高的反照率、较低的热导率和较大的消融潜热 3 个主要特征。积雪的低导热率使其成为阻滞地—气间能量运移过程的"热绝缘"物质。在冷季,积雪的存在一定程度上限制了土壤层中热量的释放,使得土壤层保持了较高的温度,从而不利于冻土的冻结。

积雪深度常作为评价积雪热绝缘作用的重要指标。当积雪较薄时,积雪的高反照率使大部分太阳辐射不能到达地面,但其热绝缘作用较弱,不能有效阻止土壤中的热量向大气中扩散,致使土壤层变得更冷。随着积雪深度的增加,积雪的热绝缘作用逐渐占据上风,利于土壤保温。然而,并不是越厚的积雪其保温作用越显著,随着积雪厚度的持续增加,积雪的持续期将显著增加,甚至形成多年积雪或冰川,此时积雪对土壤温度状况的影响将变得更加复杂。基于上述基本理论,积雪深度阈值成为判断积雪保温作用的有效指标。

在寒区水文研究过程中,冻土区的积雪水文过程也因冻土的存在而发生改变。当积雪在较短时间内发生大量融化时,冻土层上积雪融水因难以下渗而形成地表积水,进而形成坡面径流,从而在较短的时间内形成较大的融雪径流过程。因此,合理估计并描述冻土的冻结深度和冻土的下渗能力是冻土区积雪水文过程模拟的关键。

一般情况下,在处理融水的下渗过程中,多年冻土常被作为隔水层处理,而季节冻土则具有一定的透水性。理论上,冻土的透水性主要由冻结前的土壤质地和冻结时的含水量(或者冻土中的含冰量)决定。通常,颗粒较大的土壤类型(如砂土),因其土壤颗粒间的孔隙较大,冻结后其透水性比颗粒较小的土壤类型更好。而含水量较高的土壤,在冻结过程中易形成较多的冰晶,从而降低土壤的透水性。因此,颗粒较大且含水量(含冰量)较低的土壤,其冻结后冻土的透水性更好,渗透系数更大,更有利于积雪融水的下渗和对地下水的补给。另外,积雪融水对冻土层的渗透系数也有一定影响。

积雪和冻土是冰冻圈最主要的两个要素,积雪主要通过改变地表的能量运移和分配而影响冻土的发育，而冻土主要通过影响积雪融水的汇流过程而影响积雪的水文过程。

思考题

在我国西北寒区，由于地理位置特殊，在夏季，季风带来的大量水汽翻越青藏高原后形成的有效降水较为稀少；在冬季，由于气候寒冷，在盛行西风的作用下，降水往往以积雪的形式出现并以固态的形式储存至次年消融季；在两种季节气候系统的共同作用下，降水往往以降雪的形式出现并且占据全年降水的比例相对较小，但冬、春季降雪比重较大。因此，春季积雪融水提供的大量淡水资源为我国广大北方地区，特别是西北地区春季的农牧业生产活动提供了宝贵的水源。

请思考：积雪的水文功能体现在哪些方面呢？

专业术语

中文	英文
产流	runoff generation
地下径流	ground water flow
度日因子	degree-day factor, DDF
风吹雪	drifting snow/blowing snow
汇流	flow concentration
径流	runoffs
能量平衡模型	energy balance model
坡面产流	slope runoff generation
壤中流	interflow
融雪径流	snowmelt runoff
直接产流	direct runoff generation

第 8 章　河湖冰与海冰

河冰、湖冰、海冰是冰冻圈的重要组成部分，其发育过程不仅直接反映了气候变化，还对全球水循环产生了深远影响。与形成于内陆开放水面的河冰、湖冰不同，海冰的发育范围非常广阔，其高反照率和动力阻隔作用能够对海—气间的辐射平衡和海—气相互作用产生重要影响。巨量海冰的冻融也会改变海洋的水温和盐度，从而影响海洋的热盐环流过程，继而引起大气环流和全球气候的变化。

同时，河冰、湖冰、海冰的发育变化也影响水利工程设施（如边坡护岸、坝体、桥墩和沿河建筑物等）的设计、运营和维护，甚至可能形成灾害，威胁人民群众的生命和财产安全。

8.1　河湖冰定义、类型和研究意义

8.1.1　河湖冰的定义

河湖冰是寒冷季节河流、湖泊或水库表面冻结形成的冰体。河冰（river ice）是指河流表面冷季被冻结形成的季节性冰体，通常是在水流流动条件下生成的，在气候和水文条件的作用下，其生消过程包含了复杂的热力学和动力学过程。湖冰（lake ice）是指湖泊表面在冷季冻结而成的季节性冰体，是在相对稳定的水流中生成的，在同样的温度下，湖冰结冰时间相对河冰短。湖冰的生消过程除主要受热状况影响外，还受风力及其对水面的剪切作用，这种剪切作用引起表面流及湍流混合，从而减少水体分层状况，对区域能量和水循环有较大影响。另外，青藏高原湖泊（图 8-1）冬季结冰与否，除受气候因素影响外，与湖水矿化度也有关系。

河湖冰冰情的季节性变化能反映不同空间尺度的气候变化特征。河湖冰的冻结时间、厚度和消融时间是表征区域气候变化的指标，也是冬季气温变化的指示器，特别是在气候观测资料缺乏的地区。

图 8-1 纳木错湖冰(高坛光 摄,2009 年)

8.1.2 河湖冰的类型

随着气温的变化,河流、湖泊或水库会生成不同的冰情现象。河湖冰通常经历水内冰、薄冰、岸冰、冰覆盖和封冻等阶段,以冰花、底冰、锚冰、冰礁等多种形态呈现。依据河湖冰的冻结位置,在河、湖水面形成的称为薄冰或岸冰,水内、河湖底部形成的统称为水内冰。依河湖冰的生消过程出现的不同冰情现象,在河湖冰生成过程中一般有微冰、冰凇、棉冰、泥冰、岸冰、水内冰、冰花、流冰花、流冰、清沟、冰礁、冰桥、封冻和连底冻等现象。河湖冰消融过程出现的冰情现象有冰上有水、冰上流水、冰上结冰、岸边融冰、冰层浮起、冰层滑动、解冻、流冰、流冰堆积、冰塞、冰坝等。

(1)薄冰

薄冰即河水温度冷却至 0 ℃时,水面形成的冰晶。初成的冰晶体被释放的潜热融化,河水紊动使冻结放出的热量散失,河水出现过冷却状态,进而促进了冰晶的形成。冰晶逐渐发育聚合,形成松散易碎的薄冰。

(2)岸冰

岸冰即因河岸岩土失热较快,且岸边河水流速较低,易形成的沿河岸展布的冰带。岸冰按发展阶段可分为初生岸冰、固定岸冰、冲积岸冰、再生岸冰、残余岸冰 5 种。

(3)水内冰

水内冰是指悬浮在水中或附着在河底或其他水内物体上的多孔不透明冰体,多形成于尚未封冻的河流或封冻后尚未冻结的清沟。依据水内冰生成位置和发展阶段的不同,可分为冰花、底冰、浮冰等。

(4)冰花

冰花即水汽在冻结作用下快速形成的冰晶体,如同形态各异的花朵,所以叫作冰花。冰花可散布于整个水面,在弱过冷却水①中很活跃,具有使冰粒黏附于接触表面的特性。冰花之间可发生粘连,从而形成冰团或有较大"沉降速度"的浮动冰花,这些冰花在冰层形成和主要的冰情现象中起着关键作用。

(5)底冰

底冰即固着于河底卵石、沙砾上的水内冰。当水体紊流达到将过冷却水带到河底的强度时,冰粒可在河底发生成核作用,即生成底冰。底冰也可由冰花形成。由于冰花在过冷却条件下很活跃,并易于黏住水下物,湍流可将水内冰花卷至河底形成底冰。底冰可依附于水草、沙砾石等较为固定的河床物质,但在河床质为细沙、沙土、黏土等松散物质时,因其易受水流侵蚀,故较难形成底冰。

(6)锚冰

锚冰即水面以下冻结于河底或水下某些物体上的冰体,由水内物体表面的辐射失热形成。与冰花不同,锚冰附着于水下物体上,这种外包的水内冰层可厚达数厘米,在锐角部分增长更迅速,有时会改变河床形态或阻塞河流,从而在河流中形成一道道小冰坝,在小冰坝后形成静水区。随着冰量的增加和黏滞度加大,紊动受阻,河床抬高。

(7)冰礁

冰礁即固着于河底却生长露出水面的冰体。通常指固结在河底的小冰岛,由水内冰堆积,或者与棉冰、冰淞和冰花等结合而形成,能迅速地从河底增长到水面。水内生长的冰礁部分不结实,长到水面后就冻结得很紧密。冰礁常见于水流较浅的沙洲和浅滩等处。

上述河湖冰的冰情现象通常采用封冻日期、解冻日期、封冻日数、冰厚等来描述。目前,随着全球变暖加剧,河湖冰的封冻日期普遍推后、解冻日期提前、封冻日数缩短、冰厚减薄。

8.1.3　河湖冰研究的意义

河湖冰研究的主要意义体现在灾害防治和气候变化研究两个方面。河湖冰灾害会带来巨大的经济损失,例如,仅在 2017 年河冰就在北美地区造成 3 亿美元的经济损失。另一方面,河湖冰在气候系统中具有重要意义,尤其是河湖冰可以季节性

① 过冷却水是指液态水的温度冷却到冰点以下而不冻结的水体。

地阻挡河流和湖泊系统向大气中排放温室气体。

8.2 河湖冰的冻融过程

高海拔、中高纬度地区的江河和湖泊每年冬季都可能出现不同程度的冰情。河湖冰的冻结和消融主要受气象条件、水温、流量和人为干扰等因素影响。冰情按照其形成和消融过程分为三个阶段:结冰期、封冻期和解冻期。

8.2.1 结冰期

结冰期是指海洋、河流或湖泊的初冰日与终冰日之间的时段。当河流、湖泊或水库水温降到冰点以下时,即进入结冰期。结冰期内,当水温降到冰点以下时,河湖水面最先形成冰晶。在冰点,各种类型冰的生成取决于紊流强度、流速和热量散失的速率。在缓流区域,水面形成薄冰,在低流速区域,将形成完整的薄冰层。但在较高的流速区则会形成一定的薄冰、水内冰层流、冰盘或充分混合的水内粒状冰流。

河、湖或水库岸边因岩土失热较快,水流较小,冰晶体生成较早,所以先在岸边形成薄而透明的岸冰。岸冰的生成、发展主要受5个要素的影响,即局部热交换、岸边流速、浮冰密度、河道形态及水深。岸冰生成的同时,若河流流速降低,河水内存在0 ℃以下的过冷却水,在水流的过冷却及混掺下,即可在过冷却水的任何部位产生冰晶体,逐渐形成各种尺寸及各种形状的水内冰。通常,水内冰的数量由水面向河底递减。但当水内冰体积不断增大,浮至水面,与河面冰晶等顺流而下时,将生成流冰。水内冰和底冰的密度比水小,在紊流作用下,可能会上浮到水面,形成浮冰。浮冰的生成取决于水表面温度和紊流强度。

8.2.2 封冻期

封冻期是指河流、湖泊或水库出现封冻现象到解冻的整个时期。在我国北方,河流封冻通常分为武封和文封,前者主要受冰动力影响,后者主要受温度影响。封冻期内,河湖冰冻结主要经历冰层生成和冰层增厚两个阶段。一般情况下,湖泊或水库易受热力作用而形成平整光滑的冰层,而河面冰层多由结冰期生成的浮冰受阻堆积并逐渐由下游向上游发展,形成整片冰层。当冰层面积占到全河、湖泊或水库全部水面的80%以上时,河流、湖泊或水库即进入封冻期。

封冻期内,冰层形态取决于河道上游来冰情况和水流条件,冰层向上游发展有平封和立封两种。其中,平封冰面平整光滑,由冰层并置积聚而成;立封则是河段流速较大或受大风影响,使得冰花相互挤压堆叠,冻结生成表面起伏不平、犬牙交错的冰层。但当河段流速达到一定程度时，立封冰层向上游延伸的同时，还会出现冰块和冰花随水流下潜，并堆积在初封冰层底下，生成初封冰塞。冰塞的形成使水流从明流变为封闭的暗流，过水断面湿周加大，水力半径减小，尤其是冰层、冰塞的阻塞作用，显著增加了水流阻力。当河道、湖泊表面形成连续冰层后，水体与大气的热量交换只能通过冰层的传导作用，冰层厚度将随热交换而发生变化。

8.2.3 解冻期

解冻期指河流、湖泊或水库从开始解冻到完全解冻的时期。当气温回升达到冰点以上时，河流进入解冻期，冰面开始融化。通常，岸边升温较快，岸冰首先消融并脱离河岸。随着气温的继续上升，冰层不断消融，最后在水流和风力作用下发生断裂，滑动并再次形成浮冰。这时，根据河湖冰面的不同解冻形式，可分为文开河和武开河。如果流量变化小，水流作用不强，冰层主要在热力作用下就地融化，没有或很少有冰塞或冰坝危害，即文开河；反之，若流量增加很大，冰层并未充分消融，主要是在水流作用力下破裂解冻，易造成冰塞或冰坝危害，即武开河。武开河形成的主要原因是在河道封冻期间，上下游气温差异较大，当春季气温上升，上游融雪大量消融或河道先行解冻，水量增大并使水位快速升高，而下游河道仍然固封，冰水齐下冲击下游河道冰层，从而造成冰层破裂解冻。若大量冰块在弯曲形的窄河道内堵塞，则易形成冰坝，引起水位上升，形成凌汛。

8.3 多年冻土区的河湖冰冻融特点

8.3.1 多年冻土区的河冰冻融特点

多年冻土区的河道水量受到挤压和河道水力梯度影响导致承压水增加时，水位将高于隔水层并冻结形成河冰。对于整个流域而言，河流补给形式和热量损失是影响河冰形成的主要因素，河冰的冻结和消融贯穿整个冬季和春季。冻结过程主要经历 3 个阶段：初冬季节，河道开始冻结成冰；隆冬季节，浮冰持续增长、冰面雪和汇入的壤中流将冻结，继而发展成平整且很厚的冰面，但若没有河流上游多年冻土区地下水的渗入，将不会形成厚度较厚的冰；晚冬季节，冰体继续增厚并向下游发展，当渗流水量停止汇入河流之后，随着水量减少，全部河水冻结。

高纬度地区的河冰冻融过程对不同冻土区的响应差异显著。相对于不连续的多年冻土区而言，连续多年冻土区河流的冻结开始时间较早且持续时间较长。不同河流的河冰年最大体积变化很大；冰厚在消融开始前达到最大值（地下水补给很少的河流除外);但消融刚开始时,背阴区的河冰和积雪融水可能再次冻结;夏季气温低的少数地区,河冰可能并未完全融化就同随之而来的冬季进入下一个冻结过程;同一区域不同年份河冰的冻结程度和形态随冻结时的水量和冻结位置而不同;冬季连续多年冻土区河冰的生成通常受控于地下水量的补给,但来水量补给源多、矿化度高的河流除外。

8.3.2 多年冻土区的湖冰冻融特点

湖冰是寒区湖泊所具有的独特的周期性特征冰情。整个冬季,湖冰冰情的季节性变化特点总体呈现冰厚平稳增加的趋势,且在融雪水期间或之后达到最大值,之后快速减退。湖冰开始冻结滞后于寒冷气温。湖冰解冻也相对滞后,直到绝大部分或全部陆地表面的雪融化才开始消融,其中,大湖泊全部封冻要比小湖泊滞后将近一个月。

湖冰冰情变化的时空差异明显。以高纬度寒区为例,其相对靠南的湖泊冻结开始时间滞后,靠北的湖泊解冻时间相对较晚;封冻持续时间也由亚北极的7个月到北极的10个月甚至更长时间。但也存在年际变化,温暖年份无冰时间延长,但在夏季气温低的年份,一些北极湖冰全年都未能完全融化;且在同一区域,面积小的湖泊相对面积大的湖泊拥有较短的无冰时间。从冰厚特征的空间分布看,亚北极地区湖冰厚度因没有北极地区冬季漫长和严寒而相对薄;同一湖泊的湖冰厚度分布不均,沿着湖岸,湖冰从湖底开始冻结,初生岸冰因水位很浅不能发展到其最大厚度;因积雪的保温作用,表面积雪较厚的湖冰,冰层厚度相对较薄。

湖冰冻结由湖泊的热量净损失决定,消融则是热力和动力相互作用的过程,但流入湖泊的暖流会加速湖冰的消融。整个解冻期,湖冰形状随着内部融化和融水的渗透破坏而改变。消融初期,平整的冰面变得粗糙并开始出现冰面融水;冰面消融引起冰体边界处的垂直裂缝变大,冰面粗糙度和反照率增加;冰层内部的消融侵蚀附近的小河道直到坚冰变成针冰;最后冰层失去黏合力而破碎消融。

总之,河湖冰的冻融过程控制着年均水量及其汇入海洋的时间,不仅对冰冻圈水文过程很重要,而且还起着储存、输出水量的功能。

8.4 凌汛

8.4.1 凌汛的定义

凌汛(ice flood)是冰凌对水流产生阻力而引起江河水位明显上涨的水文现象,

主要受气温、水温、流量与河道形态等几方面因素影响,多发生在冬季的封河期和春季的开河期,可在河道形成冰塞、冰坝等,并造成灾害隐患。

冰塞的形成与演变涉及热力学、固体力学、水文学等多学科的知识。通常,流冰的阻塞是冰塞形成的必要条件,但能否形成冰塞,还与来冰在冰层前缘的稳定性有关。一般情况下,初始冰塞在流冰密度较高和冰流量集中的地方形成。当遇到高流速河段时,冰层前缘停留在某一断面处而停止朝上游发展,此时,冰塞位于冰层前缘的上游河段,在冬季将不断产生颗粒状的水内冰,并随水流输移直至封冻河段。这些粒状冰堆积在冰层下表面,形成水内冰冰塞。水内冰冰塞的形成与发展将导致水位升高和冰盖厚度增加。冰塞体占据了部分过流断面,致使过量的水中粒冰集聚堆积,这是冰塞体崩溃释放的潜在因素。

冰坝形成的条件有三个:一是河段上游武开河,冰质较强;二是有足够的来水量和来冰量;三是有阻止冰块顺利下泄的河道。中国凌汛多集中分布在北方地区的黄河流域、东北和新疆地区。

8.4.2　冰坝凌汛

冰坝(ice dam)指阻碍河水流动的巨大冰块体。冰坝形成的方式多样,比如冰川前进阻塞主河道形成的冰坝、河流解冻时由上游下泄的大量冰块受阻堆积形成的冰坝,等等。冰坝形成后,冰块集中堆积在某一河段内,严重地阻塞河道的过水面积,影响冰水下泄,使上游水位显著壅高,形成冰坝凌汛。冰坝如果不及时疏导,易溃决成灾。上游发生的冰坝凌汛具有强度大、距离长、稳定度高、持续时间久、涨落急剧的特点。下游发生的冰坝凌汛特点是冰坝卡塞河段多、影响河道长、冰坝涨水速度快、洪峰水位高、持续时间长。

8.4.3　冰洪凌汛

在一些坡陡流急、冬季大多不封冻、流冰期长、流冰量大的河流,如果遇到强寒潮,气温骤降,流冰量迅增,在山区峡谷河段,容易发生堵塞形成冰坝,当发展到一定规模,可能形成冰洪。冰洪是因河冰自身冻结堆积形成多级暂时性阻塞的冰坝,阻截部分河道水流,在气温升高的情况下,冰坝结合力下降,当冰坝阻力形成的水压力超出冰坝支撑力时,上游某一冰坝突然破裂垮塌,冰水迅猛下泄,导致下游虚冰坝连续溃坝的现象。冰洪现象多发生在 11 月底至翌年 1 月初,即河流封冻期前期的不稳定阶段。冰洪事件的特点是具有突发性、随机性,年际分布不均且集中在河流稳定封冻期的前段,洪峰流量特征值差距悬殊,峰型尖耸,冰洪历时短暂。

8.5 海冰定义和类型

8.5.1 海冰的定义

海冰(sea ice)是指海洋表面海水冻结形成的冰,形成于南极和北极的冬季,然后夏季消退,但并非完全消融,海冰表面的降水再冻结也成为海冰的一部分。海冰对极地的环境、海洋环流以及区域气候变化具有深刻而重要的影响(图 8-2)。

由于海水含有盐分,因此海水冻结温度低于 0 ℃。海冰的盐度一般为 3‰～7‰。海水结冰时,是其中的水冻结,将其中的盐分排挤出来,部分来不及流走的盐分被包围在冰晶之间的空隙里形成"盐泡"。此外,海水结冰时,还将未逸出的气体包围在冰晶之间,形成"气泡"。因此,海冰实际上是淡水冰晶、盐分和气泡的混合物。纯水冰在 0 ℃时的最大密度一般为 917 kg/m^3,海冰中因为含有气泡,密度一般低于此值,新冰的密度大致为 914～915 kg/m^3。冰龄越长,由于冰中盐分渗出,密度则越小。海冰对太阳辐射的反照率远比海水大,海水的反照率平均只有 0.07,而海冰可高达 0.5～0.7。

图 8-2 北冰洋巴罗地区海冰(张玉兰 摄,2017 年)

8.5.2 海冰的类型

海冰可按存在形态、冻结过程、表面特征、冰块尺寸、晶体结构等进行分类。按海冰的存在形态可以分为固定冰和漂浮冰两类。固定冰不随洋流和大气风场移动，以陆冰形式为主，多与海岸岛屿或浅滩冻结在一起。其中，附着于岸边的是岸冰，附着于浅滩上的是冰礁，浅海水域里一直冻结到底的是锚冰。而漂浮冰则受洋流和海表风场强迫影响，又可分为两类，一类由海水冻结而成，另一类则是大陆上的冰河破裂后流入海中生成。

按海冰的冻结过程可以分为初生冰、尼罗冰、饼冰、初期冰、一年冰和多年冰。初生冰是河、湖、海水等最初冻结形成的冰的总称，包括针状冰、油脂状冰、黏冰和海绵状冰等；尼罗冰是指海冰形成过程中，初生冰继续生长冻结而成的厚度 10 cm 以内的有弹性的薄冰层，表面无光泽、颜色较暗，波浪作用下易弯曲凸起，互相推挤叠置，可形成堆积脂状冰。饼冰是因冰块之间的碰撞导致其边缘向上凸起的饼状冰，又称为莲叶冰，是流动水体从初生冰到海冰成冰层过程中的冰生长的一个阶段，形状呈圆形，直径为 30 cm～3 m，厚度可达 10 cm，可以迅速出现并覆盖宽广的水域；初期冰为厚度 10～30 cm 的海冰；一年冰由初生冰发展而成，厚度为 30 cm～3 m，时间不超过一个冬季；多年冰指至少经过两个夏季而未融化的冰，冰体较厚，达 3～5 m。

按海冰的表面形态可分为平整冰、重叠冰、堆集冰、冰脊、冰丘等。按冰块尺寸可分为冰原冰、大冰盘、小冰盘、莲叶冰、冰块、碎冰等。按海冰晶体结构可分为柱状冰和粒状冰。

8.6 海冰的生成和发展

海冰生成、发展、融化均在海洋中进行，其主要分布在南极和北极。在北半球，海冰分布南界大致在中国渤海湾(约 38°N)；在南半球，海冰仅在南极洲附近生成，并向北发展至 55°S。海冰的形成可以在海水的任何深度发生，甚至于海底。

海冰的形成和发展过程如下：当海水开始冻结时，由微小针状冰晶组成的针状冰生成；当针状冰晶浮到海面，凝结连在一起时，即生成片状冰；随着气候条件的不同，片状冰可发展成脂状冰和冻结冰，或者饼冰；当水面平静无风时，针状冰晶形成薄而平滑、与水面浮油相似的脂状冰；海水进一步冻结生成连续、薄片状的尼罗冰；起初，冰表面非常薄而暗，称为暗尼罗冰，其随着厚度的增加变轻；尼罗冰随着洋流或微风互相滑动进一步生成重叠冰，最终生成冻结冰。当海水表面凹凸不平时，针状冰晶冻结积累生成圆盘状的饼冰。饼冰的显著特点之一是流动水体引起冰块之间相互碰撞，导致其边缘向上突起成圆饼状。若是水体运动足够强大，将继续生成重叠冰；若重叠冰足够厚，将生成冰脊。极地地区，当冰厚引起变形时，冰脊将发展成高达 20 cm 的脊。最终，饼冰凝聚、冻结成整体的冰层。不同于冻结冰的生成过程，片状冰由底面粗糙的饼冰发展而成。一旦片状冰生成，将持续冻结生长，贯穿于整个冬季。当春、夏季温度升高时，一年冰将开始融化。如果整个冬季冰体没有持续冻结变厚，冰体将在夏季完全融化。如果冰体足够厚，夏季冰体消融变薄，但不能完全融化，这种情况下，冰体将继续存在于下一个冬季，这就是所谓的多年冰。

宏观上，海冰的生消演变过程通常分为初冰期、封冻期、终冰期 3 个阶段。初冰期是指从初冰日到封冻日，这段时间是海冰不断增长的过程。封冻期是指封冻日到解冻日。这段时间冰情严重，冰的密集度都大于七成，海冰冰情严重的这段时期也称为重冰期。终冰期是指解冻日到终冰日，这段时间海冰随气温回升和海温增高而不断融化。融化期比增长期要短得多。

8.7　海冰在大洋水循环中的作用

海冰仅占大洋面积的 7%，然而它所引起的海气之间热量、动量和物质交换的改变却十分显著。它对海洋蒸发的抑制作用不仅大大地减少了海洋的热损失，而且影响了极地中低云系的发展。它的反照率较高，其时空变化构成北半球高纬度气候扰动的一个诱发因子。因此，海冰在全球气候系统中的作用极为重要。大气环流模式(Global Climate Models，GCMs)对全球变暖的计算结果的一个显著特点是极地对增温的放大作用，它是由海冰和大陆积雪的反照率—气温正反馈作用引起的。

海冰与大气是互相影响的耦合系统。一方面，海冰对大气的响应非常敏感，大气异常可以造成海冰的异常；另一方面，海冰变化又可以反过来通过改变海洋与大气之间的热量、水汽交换通量等要素，而对大气环流、海水盐度及云和水汽等造成重要影响。海冰在气候系统的作用主要表现在以下 4 个方面：海冰表面的反照率远高于海面，可以把大部分太阳辐射能反射回去；海冰隔离了大气与海洋之间的热传导；海冰冻融过程影响着热盐环流(见 9.4 节)的形成和强度；随海冰冻融过程的放热和吸热过程，平滑了区域的极值温度，延缓了季节温度的变化。

海冰变化不仅影响海洋的层结、稳定性及对流变化，甚至影响大尺度的热盐环流。此外，由于海冰的高反照率和对海—气之间的热量和物质交换阻隔作用，其变化不仅影响局地海洋生态环境和局地的大气环流，而且通过复杂的反馈过程，还会影响遥远区域的天气和气候。

思考题

从北半球海冰的多年季节变化特征来看，北半球海冰范围在 3—4 月达到最大($15\times10^6 \sim 16\times10^6$ km^2)，不适合通航；在 8—9 月最小($6\times10^6 \sim 8\times10^6$ km^2)，是通航的最适宜季节。自 20 世纪 80 年代以来，北极海冰的范围呈现加速减少趋势，以此消融速度，预计将来北极海冰量将不断减少，商船基本可以在西北航道水域顺利航运。请思考：北极海冰的冰情特征及其变化对航道的影响，试从社会、经济、环境、地缘政治等角度进行论述。

专业术语

中文	英文
冰坝	ice dam
冰花	ice flower
冰期	ice age
冰桥	ice bridge
冰情	ice situation
冰情特征	ice regime feature
冰塞	ice jam
冰凇(冰羽)	ice feather
冰原	ice field
初生冰	initial ice
封冻期	freeze-up period
海冰	sea ice
河冰	river ice
湖冰	lake ice
结冰期	ice period
解冻期	break-up period
凌汛	ice flood
文开河	wenkaihe/tranquil break-up river
武开河	wukaihe/violent break-up rive
一年冰	first year ice
脂状冰	grease ice

第9章　海平面变化与极地淡水循环

9.1　影响海平面变化的主要因素

9.1.1　海平面变化

海平面，是海洋科学中平均海平面的简称，指在某一时刻假设没有潮汐、波浪、海涌等因素引起海面波动，海洋能够保持的水平面。一般假定在一定的时间周期内，海水表面的平均高程静止不动，视为大地测量的基准面。

海平面的变化可分为绝对海平面变化和相对海平面变化。绝对海平面变化是指海平面升降引起的海平面变化，即海平面在地心坐标系中的垂直位移。它又包括全球绝对海平面变化和地区性绝对海平面变化，全球绝对海平面变化是由全球气候变暖导致海水加热膨胀以及冰川/冰盖消融导致全球海水量与海盆容积变化等引起，地区性绝对海平面变化是由大地水准面变化、海洋热膨胀，以及江、河、湖、海径流变化引起。相对海平面变化指某一具体的海平面相对某海岸基准点的升降变化。

9.1.2　全球平均海平面上升

根据IPCC第六次评估报告中的“气候变化中的海洋与冰冻圈特别报告（Special Report on the Ocean and Cryosphere in a Changing Climate，SROCC）”，全球平均海平面将在所有排放情景下持续上升数百年至数千年。在高排放情况下（如RCP8.5），海平面上升将进一步加速。这些变化预计将对沿海生态系统以及低海拔沿海地区（海拔<10 m）数千万人所依赖的相关生计和基础设施（如城镇）造成破坏性的直接和间接影响，并对全人类造成影响，如流离失所、政治冲突等。尽管海平面继续上升，但适应选择可以在未来几十年大大减少海平面上升的影响程度。

9.1.3　影响因素

海平面变化成因可概括为两个方面：一是随气候变暖，与山地冰川融化和极地冰盖退缩相关的水体质量变化引起的海平面变化；二是由海水密度变化导致的海平面变化，包括海水温度、盐度的变化，即比容海平面变化。

(1)极地冰盖

格陵兰岛和南极洲的冰盖储存有地球上的大部分淡水，它们最有可能引起海平面的变化，如果全部融化将使全球的海平面上升约 70 m。根据 SROCC 2019 年的评估结果，2006—2015 年，格陵兰冰盖的消融对全球海平面上升每年贡献约 0.77 mm，南极冰盖每年贡献约 0.43 mm。冰盖的总质量由表面物质平衡(Surface Mass Balance，SMB)控制，表面物质平衡是大气过程控制的积累和消融的总和。冰盖会因冰架下温暖的海水而融化，也会因在海冰边缘的冰盖崩解(ice sheet collapse)而损失。冰盖驱动海平面的变化主要是通过陆地冰的损失或增加。格陵兰冰盖目前正在以约 2 倍于南极冰盖的速度释放冰量。然而，南极冰盖冰储量是格陵兰冰盖的 8 倍。此外，南极冰川冰的很大一部分位于海平面以下的基岩上。冰盖对海洋融化的响应，更容易受到海洋冰盖(marine ice sheet)和海洋冰崖(marine ice cliff)不稳定性的影响。

冰架和冰川流入海洋的漂浮部分，并不直接影响海平面，但它们在冰盖动力学中发挥了重要作用，为上游的冰流向海流动提供了阻力。冰架的输入主要通过来自冰盖的冰流和降水。如果表面融化严重，不仅会造成冰架的物质损失，还会因此造成冰架的坍塌。

(2)冰川

冰川是除南极和格陵兰冰盖以外，另一个影响海平面变化的重要来源。冰川输入通过积累过程(主要是降雪)，输出则通过消融过程，以及在湖泊或海洋的崩解。相对于冰盖，冰川对于气候变化更加敏感，对于气候系统的变化响应更快，在较短时间尺度内(10～100 年)，对海平面的影响是很显著的。在冰期①，由于降雪量相对降水量比例增加，凝结的雪转化为冰川冰，导致大量的冰固化在陆地上，造成海平面下降。在间冰期②，随着气候变暖，陆地上的冰川消融加速，大量融水流入海洋，从而引起海平面上升。根据 SROCC 2019 年的评估结果，全球除南极和格陵兰以外的冰川消融对全球海平面上升每年贡献约 0.61 mm。但是由于冰川冰储量相对较小，冰川对于海平面变化的影响有限，即便全部冰川融化，仅仅会造成海平面增加 0.31～0.53 m 的影响。

(3)海洋过程

海水温度越高，其密度就越低，因此单位质量的体积就越大(即“热膨胀”)。因此，即使海洋水量不变，变暖也会导致海平面升高。至少在过去 1500 年中，海平面与

---

① 冰期(ice age)是指地质历史时期气温大幅度下降、冰川大规模扩张的时期。

② 间冰期(interglacial stage)是指地质历史时期的次冰期之间的气候温暖时期。

全球平均温度极为耦合，全球海洋热膨胀和陆地冰量融化是海平面变化的主要因素。模型表明，在过去的几十年里，气候系统中90%以上的能量都储存在海洋中。因此，气候变化与海平面密切相关，对于100 m厚的海水层来说，当温度为25 ℃时，水温每增加1 ℃，水层就将会膨胀约0.5 cm。海洋中热量会继续向深海传递，造成深海的温度逐渐升高，更多的海水发生热膨胀，继而海水整体体积扩大，引起海平面上升。同时，这种热传递要持续相当长一段时间，只有海水完全与大气温度达到一定平衡状态时才会停止。

(4)陆地储水

全球海平面也受到陆地液态水储层变化的影响。大坝、水库和地下水抽取，都会对全球平均海平面造成影响。在20世纪早期，陆地主要以储水过程为主导，但是在最近几十年来，与居民生活、农业和工业用途相关的水利用开始占据主导地位。陆地储水的变化与气候变化密切相关，特别是厄尔尼诺—南方涛动(El Niño-Southern Oscillation，ENSO)对陆地降水分布和水储存有强烈影响。

(5)地球动力学过程

海冰和热膨胀在年代际和长时间尺度上主导着全球平均海平面(global mean sea level，GMSL)的变化，但是区域的海平面变化则与地球动力学过程相关，包括洋流、盐度和大气压力等。此外，陆地、冰和海洋储层之间的水团分布的变化导致地球重力场和旋转几乎瞬间发生变化，造成海平面变化。尽管GMSL上升，但是在靠近冰盖的海洋，相对海平面下降。这些引力旋转效应可以使相对海平面的上升幅度比全球平均水平高出25%，而不是使冰盖的冰量损失。在较长的时间尺度上，水和冰的再分配引起了时间相关的地球塑性变形。这一现象在末次冰期最盛期(Last Glaciation Maximum，LGM)以前被观测到，与这些冰期后过程相关的垂直陆地运动速率通常为几毫米每年或更少。构造和动力地形的垂直陆地运动与黏性地幔作用有关。然而，在十年到百年际，在对海平面变化的预测中，一般不考虑构造和动态地形作用。

9.2　极地冰冻圈与淡水循环

极地冰冻圈的变化主要表现为冰雪融水、海冰和冰间湖的变化，这些变化通过对极区海洋盐跃层的影响，进而导致了对淡水循环的影响。

9.2.1　盐跃层

盐跃层(Halocline)是指出现显著盐度梯度的海水层，是极地冰冻圈对淡水影响的主要途径。北冰洋由于地表径流的输入和海冰的冻结融化过程，具有显著的低盐特征；同时进入北冰洋的大西洋表层水盐度大，在表层和大西洋层之间形成一个 50～200 m 的盐跃层。盐跃层由河流补给和海冰流入的表层淡水形成，在盐跃层上面表层水的上部盐度为 33.1 psu，温度接近冻结点（−1.8 ℃），富集养分。淡水层的下部，盐度约 34 psu，养分较低。

北冰洋盐跃层的顶部海水来自于楚科奇海，而底部海水来自于巴伦支海和喀拉海域。由此，表层积累了大量由弗拉姆海峡进入东格陵兰海域的淡水。北冰洋盐跃层混入格陵兰和拉布拉多海域的对流性涡流中心，并以此方式影响着该地区不稳定表层水盐分的收支。由此，极地淡水的收支变化与深水对流强度密切相关，从而影响到全球的深水环流。

9.2.2　冰雪融水

与其他所有海洋相比，北冰洋获得大量的地表径流，每年输入北冰洋的淡水径流达 5300 km^3，河流提供了北冰洋最大的淡水补给量。这些河流主要是环北极地区的鄂毕河、叶尼塞河、勒拿河和麦肯齐河。河流的淡水输入量的变化，将会影响到海洋的淡水平衡。

冰川和积雪融水是环北极河流的主要补给来源，冰川和积雪融水径流比例的增加和消融时间的提前，都会造成北冰洋淡水补给的变化。多年冻土退化则会改变径流量和径流的季节分配。在气候变化的影响下，环北极河流对于海洋淡水输入的持续增加，很可能会改变热盐平衡的作用。

9.2.3　海冰

全球经向海洋环流的变化取决于北大西洋极区洋面的热盐状况，而极区热盐状况与海冰和冰盖变化密切相关。海冰自身几乎是由淡水组成，盐度只有 3‰～7‰。因此，伴随海冰季节性的发展，其冻结和融化过程决定着海表的盐度，因而也对水体的密度和分层起着关键作用。在冻结期新冰形成的底部，海水释放出盐分和卤水，其下沉并增加下覆水体的密度。由于海冰是低盐水库，淡水储量巨大，夏季海冰融化会形成漂浮于较大密度水体之上的表层低盐水层。

因此，季节海冰的出现通常在浅表（或混合）层与次表层（或中层）之间，从而形成盐度和密度梯度显著的水体分层。海冰在消融过程中，其底部融化是与洋面的辐射加热有关。底层融化可以导致由表层淡水形成的大西洋暖水和冷盐跃层的绝热损失。北极海冰影响海洋的另一显著的特点是其向极区外漂移、将海冰输出进入北大西洋。向南漂移海冰的路线主要取决于表层洋流以及与之相关的穿极漂流和格陵兰与加拿大东部大陆边缘条件。年或夏季消融的多年冰输出的淡水量是十分可观的，通过弗拉姆海峡和加拿大北极群岛的淡水量分别约为 3500 km^3 和 900 km^3。

9.3 冰间湖

冰间湖(polynya/polynia/ice clearing)通常指达到结冰温度的天气条件下仍长期或较长时间保持无冰或仅被薄冰覆盖的冰间开放水域,是发生在极区的一种中尺度海冰现象。冰间湖的形成主要是由于受海底地形或水域其他因素影响,形成向上的洋流,将较低纬度深层的暖水输送到寒冷的海冰覆盖水域,从而在海冰区形成相对温暖的开放水域。冰间湖是冰封区海洋与大气相通的窗口,其特殊的海—气相互作用过程对海—气交换和海洋水团变性有重要影响。除冰间湖之外,在高纬度海冰区,受风、波浪、潮汐、温度和其他外力影响,海冰不断破裂,形成裂隙,即所谓的冰间水道(ice lead)。冰间水道看起来就像陆地的河流,通常是线状的,有时绵延数百千米。冰间湖和冰间水道在海洋气候和海洋水文中具有类似的作用,往往统称冰间湖。

9.3.1 冰间湖的主要类型

冰间湖按形成机制可以分为感热冰间湖和潜热冰间湖。

感热冰间湖是由于强烈对流形成上涌暖水,通过温度变化释放热量导致海冰融化,形成的大面积无冰区水域。极地地区的冬季温度通常在零下几十度,因此需要外部的暖水源维持冰间湖无冰区水域的存在。目前观测到的面积最大的感热冰间湖是南大洋的威德尔冰间湖,其冬季面积可达 25×10^{4} km^{2}。尽管其表面温度在冬季处于 -35 ℃以下,但仍可以维持其巨大的面积。

潜热冰间湖是由于受到强大而稳定的下降风控制,将海冰吹离海岸,通过物理状态(由液态到固态)变化释放热量,形成的开放水域。潜热冰间湖主要在近海岸岛屿和冰山附近形成,其开放水域的表层几乎随时可以冻结。潜热冰间湖在形成过程中会通过脱盐形成高密度冷水,对于大洋环流和气候过程更为重要。

9.3.2 冰间湖的气候和水文功能

(1)气候功能

对于冰间湖和冰间水道来说,开放水域不仅具有较温暖的水区,而且周围海冰覆盖水域及冰间湖上空大气温度均很低,相对温暖的水域上部的冷空气,两者相接触,就会引起向上强烈的湍流和水汽交换,这种交换受到水一气温差和风速的控制。

极地沿岸冰间湖中的海—气温差通常远大于海冰覆盖区的海—气温差,这是因为来自于陆地的空气通常都是平流输送的,由冰盖或者高纬度平流输送的冷空气要比海冰带的空气冷得多,同时,由于对风的阻止作用和下降流的影响,沿岸附近的风速也比海冰飘浮区内的风速要大，所以沿岸附近的所有开放水域内风也对强湍流过程起到推波助澜的作用。

(2)热盐环流驱动

冰间湖是高密度和高盐度水的主要来源，这也是热盐环流驱动的世界大洋底层水的主要组成部分，这一全球性的环流系统主要是由与温度(热量)相关的水密度和盐度异常所驱动。海冰形成速率的任何变化均会改变对热盐环流有显著影响的水密度差异，且由于海洋是气候系统的主要组成部分，海洋环流的变化无疑会引起气候的显著变化。

(3)生态功能

冰间湖是垂直对流区，因此它能够形成深海和表层水之间化学交换的通道，成为化学和营养物质补充的重要途径。春季海冰消融期冰间湖十分发育，这就为海洋相应水层的光合作用提供了丰富光照和营养物质，与底层食物链的浮游生物一起，形成了有机物食物聚集的地区。与此同时，稳定的冰间湖区为土著居民提供了可以狩猎的区域，成为他们在冬季严酷环境下生存的重要保障。

(4)浮冰

潜热冰间湖形成过程导致大洋底层水的形成，它成为前述的热盐环流的组成部分。由于稳定的下降风及冰间湖相互作用过程中形成大量浮冰，是海洋浮冰的主要来源。每年南极沿海地区都会形成许多潜热冰间湖，由于南极海冰北界是广阔的自由海域，海冰可以毫无阻挡地向北漂流，输移到低纬度地区。而北冰洋的海冰几乎完全被大陆包围，使得海冰只能通过海洋通道向南漂移，浮冰基本上限制在北极洋盆。

9.4　热盐环流与经向翻转环流

经向翻转环流(meridional overturning circulation，MOC)是指在不同深度或密度层中物质传输的带状经向(南北向)翻转环流。在北大西洋，远离副极区的经向翻转环流常被认为是热盐环流(thermohaline circulation)。需要明确的是，热盐环流只是经向翻转环流的热盐分量，但是经向翻转环流还包括风驱动分量，以及在热带和亚热带的表层海水中的翻转环流，如墨西哥环流，密度较小的暖水转变为密度较大的冷水，并在较深的水层向赤道俯冲。

大西洋经向翻转环流(Atlantic meridional overturning circulation，AMOC)是南大西洋和北大西洋的主要洋流系统。作为全球海洋环流系统的一部分，AMOC 向北输送温暖的上层海水，向南输送寒冷的深层海水。AMOC 强度的变化会影响气候系统的其他组成部分。

依据目前的观测(2004—2017 年)和基于海面温度重建的结果表明，大西洋经向翻转环流(AMOC)相对于1850—1900年显示有所减弱。由于观测记录时间范围有限,没有足够的数据来量化减弱的程度,或将其适当归因于人为的强迫。但1850—2015年期间的CMIP5模拟平均结果显示,在人为强迫的驱动下,AMOC表现出减弱的趋势。

经向翻转环流导致高纬度地区的表面冷水下沉注入深海,在极区下沉的冷水输送到赤道地区,从而又导致海洋表层的暖水回补,形成环流,翻转环流上下部巨大的温度差异就会使得这种流动方式成为传输热量的有效手段。大尺度翻转环流是地球气候系统和生物化学循环相关的海洋储存和输送的基本途径,包括热量、淡水、碳及营养物质等。

9.4.1 冰冻圈要素与热盐环流

冰冻圈对大洋环流的影响在较短时间尺度上主要表现在冰盖、冰雪融水和海冰对海洋温度和盐度的影响。

可以这样理解冰冻圈与海洋之间的关系:当气候变冷时,冰冻圈会扩张,大量海洋中的水就会以冰川、冰盖等固态形式积累在陆地,同时高纬度地区的海洋直接冻结形成海冰,海冰大量扩张,此时海洋盐度大大增加;反之,当气候变暖时,大量陆地上的冰和海冰就会显著融化,大量淡水进入海洋。在冰冻圈与海洋固—液转化过程中,海洋盐度和温度的变化会使大洋环流发生不同的变化,大洋水循环变化的时空尺度和冰冻圈影响程度与冰冻圈变化的强度、冰冻圈要素的属性有关。

9.4.2 海冰对经向翻转环流的影响

由于北冰洋上部包含有与北极平均盐度(34.8 psu)一致的大量淡水,一部分淡水以海冰和海洋上层低盐水的形式,通过弗拉姆海峡和加拿大北极群岛由北冰洋输出。北极海冰水库的淡水通量的输出对北大西洋北部的表层水密度起着显著作用,因此这样的淡水传输非常重要,它影响着格陵兰、冰岛、挪威和拉布拉多海域敏感的深层水形成区的纵向分层。由于北大西洋深水形成和主要对流中心位于格陵兰和拉布拉多海域,北极海冰输出的路径和强度就成为确定北大西洋热盐环流强度和方式的关键参数。因此,由北极输出淡水的变化能够影响大西洋经向翻转环流。此外,由于海冰融化在薄冰区次年冬季增加的海冰和北极海洋热通量之间的正反馈作用,北冰洋海冰范围的变化也能够影响到区域热盐环流。

液态淡水输出的变化主要由大气强迫的气旋变化所引起,通过加拿大北极群岛和弗拉姆海峡输出的液态淡水在整个北极大尺度大气环流中的变化分别滞后1年和6年,它可以通过波弗特涡流中的埃克曼传输变化,引发北极淡水的再分配。由此,可以更进一步引起海面高度和加拿大北极群岛及弗拉姆海峡上游盐度的变化,进而影响到输出流的速度和盐度。当区域风所起的作用非常小时,由大尺度大气环流引发的海面高度变化可以解释大部分的液态淡水变化。当由北极输出的液态淡水增加时，大西洋经向翻转环流强度减弱，进入北极的海洋热传输增加。

在北极淡水输出增加的时段，由于大西洋海水的流入，传输到北冰洋的大洋热量是增加的。由北冰洋增加的液态淡水输出会减弱北大西洋经向翻转环流强度，这主要是通过它对深水形成区表面盐度的影响所致，依次也会影响到这些地区对流的深度。研究发现，由极区输出进入格陵兰、冰岛、挪威海域的液态淡水对经向翻转环流强度的影响较进入加拿大北极群岛海域的淡水的影响更大。

思考题

依据 IPCC 第六次报告中多模式模拟确定的 2006—2100 年全球平均海平面上升趋势变化，试论述海平面上升对全球沿海城市的影响。

专业术语

中文	英文
冰盖崩解	ice sheet collapse
冰盖排出量	ice sheet discharge
冰架	ice shelf
冰间湖	polynya/polynia/ice clearing
冰间水道	ice lead
冰期	ice age
大西洋经向翻转环流	Atlantic meridional overturning circulation, AMOC
海表温度	sea surface temperature, SST
海平面上升	sea level rise, SLR
海洋冰盖	marine ice sheet
海洋冰崖	marine ice cliff
间冰期	interglacier stage
经向翻转环流	meridional overturning circulation, MOC
末次冰期最盛期	Last Glaciation Maximum, LGM
全球平均海平面	Global Mean Sea Level, GMSL
热膨胀	thermal expansion
热盐环流	thermohaline circulation
实用盐度	practical salinity unit/practical salinity scales
盐跃层	Halocline

第 10 章　寒区水化学

10.1　研究内容

寒区水文包括冰冻圈中冰川(冰盖)、冻土、积雪、河湖冰、海冰等多种要素。冰冻圈的各种化学成分的生物地球化学循环伴随着水循环的发生而发生。冰冻圈要素既是重要的参与者,又是重要的介质。寒区水化学主要研究流域内化学物质的组成、迁移、转化和演变规律,但因寒区水文各要素的水循环过程不同,各要素的研究重点也不同。

(1)积雪

积雪化学特征可以反映一定时期内大气干湿沉积的化学特征。季节性积雪通过不同的途径和机制获取或失去化学物质。化学物质的获取途径包括雨、雪、霰、雾粒的湿沉积,以及积雪上或其内部气体和气溶胶的干沉积、植物有机碎屑物的沉积、风吹雪的沉积、土壤中的气体和毛细管的液相传输。化学物质的流失途径包括雨水和融水的流失、风吹雪的侵蚀、挥发和进入大气的气体传输。

(2)冰川

冰川流域是研究水—岩相互作用的理想场所,也是开展陆地化学侵蚀和生物地球化学循环评估研究的重要区域。冰川/冰盖水化学包括:无机化学组分、有机化学组分、同位素和微生物。无机化学成分主要包括山地和极地雪冰中化学离子、电导率与 pH 值、重金属元素、吸光性杂质和不溶微粒,同时包括海冰中常量元素、溶解铁及海冰气体等。有机化学成分主要包括有机污染物、天然气水合物、有机碳、溶解有机质和外聚合物等。

开展冰川水化学研究,有助于认识冰下排水系统的结构和水沙的传输机理,也有助于理解冰川流域的化学风化过程、速率及其与气候变化的相关关系,评估冰川流域的溶质输出对下游水环境和生态系统的影响。

(3)河/湖/海冰

海冰是连接海洋和大气的动态多孔介质,能够短暂存储和有效传输污染物,并且通过相关过程对污染物的富集和稀释起重要作用。海冰作为一种动态介质,可存储季节至多年尺度的颗粒物以及溶解物,包含营养物质和有机物循环的多种生态系统过程,驱动着极地海洋生物地球化学过程。海冰由纯冰、卤水间隙及气泡等组成,并受到一系列物理、化学和生物过程的影响。通常而言,海冰中溶解物质的浓度受形成海冰的海水组成的影响,同时海冰—海洋界面与大气—雪冰界面的边界通量也可影响海冰中溶质的浓度。

河/湖冰作为冰冻圈要素之一,主要分布在高纬度和高海拔地区,其化学特征和过程主要受地质地貌、补给来源、大气干湿沉降、冰—水间物理化学和生物特征及气候变化等因素的影响。河/湖冰化学过程的特征和研究可借鉴海冰化学,然而多数河湖水体为淡水,因此河/湖冰化学与海冰化学的关键区别在于,其盐度差异所导致的冻结过程和化学物质迁移的差异。

(4)冻土

由于多年冻土在退化过程中会释放出大量的有机物、无机营养物和化学离子等物质,因此涉及冻土的水化学研究主要关注多年冻土退化对河流、湖泊和海洋水化学的影响。当释放出的化学物质进入下游的河流、湖泊或海洋时,会影响区域的生态系统和全球的碳循环。

10.2　寒区水化学的传输

10.2.1　干湿沉降

大气化学成分进入冰冻圈介质主要有两个过程,即干沉降(dry deposition)和湿沉降(wet deposition)。干沉降是指在无降水时大气化学成分向冰冻圈介质表面输送的过程;湿沉降则是指降水发生时化学成分随降水一起沉降的过程。

干沉降分为 3 个阶段:①化学成分从自由大气向下输送到冰冻圈表层;②化学成分穿过冰冻圈表层;③化学成分与冰冻圈介质表面发生作用而进入冰冻圈。湿沉降主要是通过降水过程携带大气化学成分沉降到地表,主要包括核化清除、云内清除和云下清除。

对不同的化学组分和不同的区域,干、湿沉降的相对重要性有较大差别。一般来说,降水量越大,湿沉降所占比例就越大。降水量在时间上的分配也是一个影响因素,对同样的年降水量来说,如果降水集中在短时间内,则湿沉降所占比例会有所下降。

10.2.2　淋溶过程

淋溶过程(elution processes)是指由于水分的下渗和再冻结过程所导致的冰冻

圈要素某一层的化学成分迁移和转化，这种现象被称为化学成分的淋溶作用(wash out/elution of ions)。淋溶过程多发生在积雪、冰川和冻土活动层之中。例如，每一次湿沉降事件都会在积雪中形成不同的化学层位，表现出化学组分浓度的不同。但是当融水携带溶质离开积雪之后，积雪层中的化学物质就流失了，造成积雪中化学物质的再分配。

10.2.3 离子脉冲

离子脉冲(ionic pulse)是指积雪开始消融的较短时间内，少量(一般少于全部积雪雪水当量的10%)融水在短至几小时、长至数日内集中将积雪中80%以上的可溶性化学物质释放出来，使得径流的化学成分产生瞬时高峰。离子脉冲现象多发生在融雪初期，显著影响流域内的河水化学特征。

10.3 无机成分

10.3.1 冰冻圈化学离子特征

化学离子是冰冻圈要素中可溶性化学成分的主体。主要阴离子包括：Cl^-，SO_4^{2-}，NO_3^-；主要的阳离子包括：Ca^{2+}，Mg^{2+}，K^+，Na^+，NH_4^+。

(1)冰川

冰川融水中的主要溶质是可溶性离子，其中主要阳离子是Ca^{2+}，主要阴离子是HCO_3^-和SO_4^{2-}。阳离子的浓度顺序为：$Ca^{2+} > Mg^{2+} > Na^+ > K^+$，与陆地地表元素丰量的顺序相似，说明冰川融水中的阳离子以地壳源物质的化学风化为主。冰川融水存在明显的日变化和季节变化特征，一般在径流量较小时离子浓度较大，在径流量较大时离子浓度较小。可溶性离子与径流量呈现出的反相关关系，反映了冰川融水中可溶性溶质的浓度受水文作用，如融水产生及迁移路径、水—岩相互作用的持续时间控制。

(2)积雪

积雪融水的主要离子反映了一定时期内大气干湿沉降(dry/wet deposition)的化学特征。积雪主要通过干湿沉降、风吹雪、植物碎屑沉积以及土壤气体和液相传输等过程获取化学物质，通过雨水和融水的流失，风吹雪的侵蚀、挥发等过程流失化学物质。

(3)海冰

海水冻结过程中离子成分发生变化，不同盐类在海冰中析出的温度存在差异。

一年冰中盐度随深度的变化基本呈“C”字形变化，而融化季节海冰表面盐度明显降低。目前大部分大尺度海冰模式中假定海冰盐度恒定，但这不能反映海冰对大气或海洋边界条件的响应。温度和盐度对冰孔隙率和孔隙微结构有重要影响，研究海冰盐度剖面演化对于理解热盐环流和重建气候变化有重要意义。

10.3.2 硝化反硝化过程

硝化过程(nitrification process)是指有机体通过微生物的分解和矿化作用，将有机氮转化为铵离子(NH_4^+)，一部分被带负电荷的土壤黏粒表面和有机质表面功能基吸附，另一部分被植物直接吸收。最后，土壤中大部分铵离子在硝化细菌作用和有氧条件下被氧化成亚硝酸盐和硝酸盐。

反硝化过程(denitrification process)是指在厌氧条件下，硝酸盐或亚硝酸盐通过反硝化细菌，还原为 N_2O 或 NO，进而被还原为 N_2 的厌氧呼吸过程。包括生物反硝化和化学反硝化两种过程。反硝化的结果导致 N_2O 的释放，N_2 是反硝化过程的最终产物。该过程可使土壤中固定的氮元素以气体的形式释放回到大气中，使得氮元素在大气和土壤中的周转形成一个闭合的回路。

冻土区土壤存在产生 N_2O 的微生物，其潜在的硝化与反硝化率较高。目前研究人员在扰动的矿质土壤表层已经观测到了 N_2O 的产生，并作为多年冻土退化导致碳氮过程中的一种重要温室气体进行监测研究。此外，在高山多年冻土生态系统中，固氮和沉积速率较低，植物对氮素的获取在很大程度上依赖于土壤微生物分解过程中从凋落物中获得的氮素。

10.4 重金属元素

10.4.1 冰冻圈重金属元素特征

重金属一般以很低的天然含量广泛存在于自然界之中。自工业革命以来，人为排放已经造成了全球范围内的重金属污染，导致环境中重金属元素的再分配。雪冰中的重金属元素主要有 Pb，Cd，Zn，Cu 和 Hg 等。重金属元素在极地和山地冰川中的含量可以作为评价人类活动对大气环境影响的良好指标。

利用元素富集系数(crustal enrichment factor，EF)，依据相应的公式可对雪冰中重金属元素的自然源与人为源贡献进行估计，从而定性判断人类活动对雪冰中重金属元素的影响程度。由于地壳的平均元素组成与研究区域之间可能存在差异，因此通常选择 EF=10 作为区分自然和人为影响的参考标准，即如果富集因子 $EF<10$，

则可以认为该元素相对于地壳而言没有富集；如果富集因子 EF>10，则认为雪冰中的该元素相对于地壳而言是富集的，即不仅有地壳自然源物质的贡献，而且受到人类活动排放污染物的影响。

雪冰中重金属元素浓度的季节变化特征可以反映大气环境中重金属元素物质输送和沉降过程，以及各种贡献源随季节变化的信息。青藏高原的重金属元素主要受陆源物质的输入和人类活动排放的影响，重金属元素平均浓度普遍高于南北极地区，季节变化主要表现为非季风期高、季风期低，空间变化主要与距离粉尘源区和人类活动区远近密切相关。

10.4.2 重金属元素 Hg

汞(Mercury, Hg)是一种典型的大气重金属元素，是公认的全球性污染物之一。环境中的汞及其所有的汞化合物对人类和自然界动物都具有一定的毒性。汞元素在一定条件下转化为剧毒的有机汞，通过食物链富集放大后，其生物毒性将对人类和高等生物体具有更大危害性，不仅能造成神经系统的严重缺陷，还表现出强烈的致畸、致癌和致突变作用。目前，汞被联合国环境规划署(The United Nations Environment Programme, UNEP)列为全球性污染物，是除了温室气体外唯一一种对全球范围产生影响的化学物质，具有跨国污染的特性，成为全球重大环境问题的焦点之一。

冰冻圈要素中的雪冰是高海拔和两极地区生态系统中最重要的环境介质之一，不仅影响到能量平衡和水循环，还能直接影响区域乃至全球尺度的化学循环。汞具有全球传输的特性，人类活动释放到大气中的汞，通过长距离传输迁移，并以干湿沉降的形式进入生态系统，甚至可以对偏远地区造成污染。

雪冰是有效保存大气汞的干、湿沉降信息的良好载体，大气汞通过大气汞亏损现象(Atmospheric Mercury Depletion Events, AMDEs)①和长距离传输中途经低温地区因冷凝作用而发生沉降。因此，南极、北极和山地冰川区的雪冰被认为是记录大气汞的变化过程的理想介质。研究两极和中低纬高海拔冰川地区过去和现代雪冰中的汞含量变化，将有助于了解地球系统中汞的生物地球化学循环现状和历史演化过程。

---

① 大气汞亏损现象，是指春季太阳升起时大气中气态单质汞浓度急剧下降，而活性气态汞浓度急剧上升的现象，气态单质汞浓度甚至低于仪器检测线，而同时活性气态汞和颗粒态汞的含量急剧上升，这一过程显著加速了大气汞的沉降通量。

10.5 有机成分

10.5.1 积雪有机物

在融雪季节初期，河流中可溶解性有机碳（dissolved organic carbon，DOC）浓度快速增加。在径流量达到最大之前DOC的浓度先达到峰值，随后DOC的浓度快速减小。

积雪的深度和持续时间影响土壤温度和氮同化作用速率，这种同化作用是由土壤微生物引起的。薄的或间歇性的积雪使得表面土壤的温度低于临界值，此时土壤中的厌氧微生物吸收氮。如果没有土壤厌氧微生物的吸收，来自冬季有机物分解的、相对大量的氮将会流失掉并进入河流。反之亦然。

10.5.2 冰川有机碳

冰川对全球的碳动力学和碳循环具有重要的指示作用。冰川系统内的碳主要来自原地的初级生产力以及陆地和人为源碳质物质的沉积。冰川系统内的碳通过冰川融水进入河流，冻结在冰内的碳也可通过冰山的裂解进入海洋环境。

目前，已有研究对部分地区冰前系统的有机碳进行了量化，包括阿拉斯加湾、阿尔卑斯山和格陵兰。在区域和全球尺度上，对冰川内碳储量及释放量的估算，有助于理解冰川在全球碳循环中的作用，尤其在气候变暖和冰川快速退缩的背景之下。

10.5.3 海冰有机物

海冰内和冰上栖息的藻类、细菌会大量繁殖，这些海藻、细菌的存在，可通过光合作用和异氧呼吸等对海冰化学产生重要的影响。如光合作用碳吸收导致稳定同位素的生物同位素效应，使得生物体富集^{12}C。

海冰中的藻类可以释放多种挥发性气体，如二甲基硫（dimethyl sulphide，DMS），主要来源于二甲基硫丙酸（dimethysuo-phoniopropionate，DMSP）的分解。DMSP在高盐条件下，在细胞中合成和累积。当环境盐度降低时，DMSP分解并释放DMS。在高碱度下，DMSP也分解释放DMS。海冰DMSP的分布反映了有机体群落物种的变化。海冰区域释放大量的DMS通常与海冰融化相联系，这时海水盐度降低，有利于DMSP的分解。

10.5.4 天然气水合物

天然气水合物(gas hydrate),是在高压、低温的环境条件下由气体分子和水分子组成的类冰固态物质,主要是 CH_4,C_2H_6,C_3H_8 等烃类同系物及 CO_2,N_2,H_2S 等,外形类似于冰,通常呈白色或者浅黄色,可以直接燃烧。天然气水合物极不稳定,全球升温、多年冻土退化破坏了天然气水合物赋存的温度和压力条件,极有可能导致天然气水合物分解而释放甲烷。因此,甲烷水合物①被当作气候变化潜在的温室气体来源。

天然气水合物在自然界广泛分布于多年冻土区、大陆架边缘的海洋沉积物和深湖泊沉积物中。1 m^3 天然气水合物可转化为 164 m^3 的天然气和 0.8 m^3 的水,是一种高能量密度的非常规高效清洁能源。全球多年冻土区储量为 $10^{13}\sim10^{16}$ m^3,海洋环境储量为 $10^{15}\sim10^{18}$ m^3,相当于全球现在已探明的天然气总储量的 2 倍以上。

10.6 不溶性微粒

10.6.1 粉尘

粉尘的季节性分布特征是评估气候效应的一个重要因素,可直接影响到大气粉尘对辐射的平衡,以及作为海洋生物的肥料供给。

粉尘的源区、搬运路径、成分及时空分布是评估其气候影响的基本要素。大气粉尘在季节上的差异对其气候效应有着重要的制约,直接影响到太阳辐射的散射和吸收,以及对海洋生物的"铁肥料"的供给。即使在亚洲干旱区,其粉尘释放量和对远源地区的贡献也存在着区域差异。

南北极地区的粉尘平均浓度要显著低于山地冰川。全球冰川中微粒的粒径大小和空间分布呈现出显著的差异。相较于南北极冰川,山地冰川区粉尘具有更大的粒径且分布模态单一。南极冰盖和格陵兰冰盖中粉尘浓度季节变化表现为冬季高、夏季低;而在中国西部冰川区,雪冰中粉尘浓度在沙尘活动频繁的4—6月出现峰值,主要与亚洲春季频繁发生的沙尘暴事件有关。

10.6.2 黑碳

黑碳(black carbon,BC)是大气气溶胶的重要组分,沉降到冰川表面后可显著降

---

① 含甲烷气体超过99%的天然气水合物被称为甲烷水合物。

低冰川表面反照率，进而加速冰川的消融。黑碳是一种重要的气候辐射强迫因子，对全球升温的贡献仅次于二氧化碳。作为雪冰中碳质气溶胶的重要组成部分，黑碳具有强吸收可见光、耐高温、可聚合为稳定结构的团、不溶于水和大部分有机溶剂等性质。现今全球黑碳排放量约为 7500 Gg/a，绝大部分源于人类的生产生活排放（交通工具排放、工业用煤等），其次为生物质燃烧（森林大火、秸秆焚烧等）。

黑碳沉降到雪冰表面之后，其含量在雪层中的分布、与雪粒的包裹形态会随着雪的老化、融化、再冻结等过程发生变化。雪坑中，亲水黑碳仅在顶部有残留，疏水黑碳则在整个雪坑剖面上均有分布。黑碳可随雪冰融化迁移到下层雪中，清除效率可达 20%。

雪冰中黑碳的时空分布特征与局地环境、人类活动排放源区以及大气环流等因子密切相关。全球雪冰中黑碳空间分布特征表现为：南极等偏远地区雪冰黑碳浓度水平非常低，代表全球黑碳背景浓度水平；受人类活动影响较大的青藏高原冰川表层雪冰中黑碳浓度水平整体上高于南北极及北半球其他地区。

10.7　稳定同位素比率

10.7.1　氢氧稳定同位素

水从海洋表面蒸发时，较轻的 ^{16}O 和氕（H）构成的水分子易于离开水面进入大气。当大气中的水汽凝结时，重的 ^{18}O 和氘（H）构成的水分子又优先降落，其结果使得自然界水体中稳定同位素比率在空间分布上产生差异。

影响冰冻圈要素稳定同位素比例的主要因素，包括温度效应、水汽来源、纬度效应、海拔效应和大陆度效应等。在中高纬度冰川区，气温和降水是影响稳定同位素比率的主要控制因素，在南北极和高亚洲冰川区尤其突出。同时，水汽来源及输送过程，降雪形成过程及季节变化、沉积后过程等均不同程度地影响着南北极表层雪冰中稳定同位素的变化。

10.7.2　重金属稳定同位素

重金属稳定同位素一般不因物理或生物过程发生分馏。重金属同位素是研究冰冻圈中重金属元素的来源、迁移和转换过程的有效示踪手段。雪冰中的一些重金属元素，如 Pb，Sr，Nd，Cu 和 Zn 等，已经广泛应用到大气环境的变化过程和不同源区的影响。例如，利用 Pb 同位素的特征，可推断雪冰中 Pb 的可能污染源区及贡献比例；Sr-Nd 同位素的组成分布具有地带性，并且在大气迁移或沉积过程中很难被改变,两者的结合可以作为示踪雪冰中粉尘源区的代用指标。

10.8 寒区水化学对气候环境的影响

10.8.1 黑碳的气候效应

当黑碳沉降到冰川表面成为吸光性杂质,能够显著降低雪冰反照率,雪冰吸收更多的太阳辐射,进而导致雪冰消融增强。

黑碳等吸光性气溶胶的辐射强迫会导致全球冰层减少,并产生相应的气候影响。长期的雪冰消融可引起水资源的季节分配和水文过程的改变,深刻影响经济社会和人类的可持续发展。

10.8.2 寒区碳库的源汇效应

多年冻土区存储的有机碳在全球碳循环中起着举足轻重的作用,也是目前影响气候反馈的重要因素之一。北半球多年冻土区土壤有机碳储量丰富,比全球森林总碳库大出3倍多。仅极地地区和青藏高原多年冻土区的碳储量就约占全球土壤碳储量的1/3。随着气温急剧升高和多年冻土退化,温室气体排放量会达到一个较高水平,可能会超过煤、石油燃烧等人类活动碳排放所能带来的影响。在全球变暖背景下,不论在极地还是青藏高原,多年冻土都处于由碳汇转变为碳源的趋势,从而将冻结存储的有机碳分解释放,对全球变暖起到正反馈效应。多年冻土退化除了加速土壤有机碳分解,还会使部分溶解性有机碳释放进入水体,进一步被光降解和微生物分解而转化为温室气体释放到大气中。

10.8.3 雪冰污染物的二次释放

人类活动释放的有毒污染物(如重金属和POPs等)将对冰冻圈环境产生重大影响。大气污染物通过沉降进入雪冰,而雪冰是连接大气和下游融水补给水体的关键环节。广泛发育的冰川区不仅是水资源的重要组成部分和存在形式,亦是人类活动释放大气污染物的“储存库”,它将当今和历史时期跨境传输的大气污染物大量封存在“高寒高冷”地区。随着全球气候变暖加剧,冰川融水“二次释放”的污染物将可能对受补给的下游地区生态环境产生负面影响,所导致的环境污染风险不容小觑。尽管以微量组分存在,但由于其对生态环境产生不同的毒理效应,进而对人类健康构成潜在危害。

思考题

尽管北冰洋的海水体积仅占全球海洋的 1%，但河流输入的陆源溶解态有机物(DOM)有 10%进入了北冰洋。北极多年冻土中有机碳(OC)的碳储量约占全球土壤碳储量的 20%，占大气 CO_2 碳储量的 67%。在气候变暖的背景下，北极高纬度地区多年冻土中储存的有机碳可能会变得很不稳定，很可能成为陆地—大气(或海洋)碳循环的一部分，最终会对气候变暖产生正反馈作用(加速气候变暖)。不仅如此，冻土退化也会对无机物和离子浓度、通量等产生影响。请思考：北极地区冻土退化对水化学的影响有哪些？

专业术语

中文	英文
大气汞亏损现象	atmospheric mercury depletion events, AMDEs
反硝化过程	denitrification process
富集作用	enrichment
干沉降	dry deposition
海冰盐度	salinity of sea ice
黑碳	black carbon, BC
可溶解性有机碳	dissolved organic carbon, DOC
离子脉冲	ionic pulse
淋溶过程	elution processes
淋溶作用	eluviation
气溶胶	aerosol
湿沉降	wet deposition
硝化过程	nitrification process
元素富集系数	crustal enrichment factor, EFX

第 11 章　寒区水文灾害

11.1　冰川洪水

冰川洪水(glacier flood)是由于随着夏季气温持续升高，冰川大量融化形成的洪水。冰川洪水流量与气温变化具有明显的同步关系，与降水变化呈非同步关系。洪峰、洪量大小与升温幅度关系显著，同时也受到冰川面积、雪储量、夏季降雪量等的影响。与积雪融水一样，冰川融水也具有明显的日变化，这种日变化因发源于不同山区的河流而呈现出不同的日变幅。

冰川洪水根据冰川消融洪水流量过程特征可分为冰川季节洪水和冰川暴雨洪水两种类型。

(1)冰川季节洪水

冰川季节洪水是由于冰川在夏季的融化，形成一年一度的季节性洪水，洪水过程线无明显暴涨暴落，而是缓慢连续上升，并在 7—8 月达到最大值，之后逐渐降低。冰川季节洪水与气候变化密切相关，太阳辐射越强，冰川面积或冬、春季积雪厚度越大，则洪水强度越大。

(2)冰川暴雨洪水

冰川暴雨洪水是指在极端天气条件下，在较短时间内出现极端高温天气，引起冰川异常消融而形成洪水(图 11-1)。冰川暴雨洪水一般发生在盛夏，冰川流域由于长期干旱、高温，导致冰川全面消融，冰川融水泄至中低山带，当遭遇一个大范围降水过程(大暴雨)，暴雨产流与冰川融水产流汇合，形成冰川暴雨洪水。这类冰川消融洪水随着气温的急剧变化而呈现暴涨暴落的现象。其洪峰流量取决于雨前气温及降雨强度。降雨前气温越高，高温维持时间越长，则过程线底部宽；雨量越大，强度越高，形成的洪峰越陡立。

图 11-1　祁连山老虎沟 12 号冰川山谷的冰川暴雨洪水(高坛光 摄,2018 年)

11.2　冰湖溃决洪水

11.2.1　冰湖

冰湖(glacier lake)是指在冰川作用区内与冰川有着直接或间接联系的湖泊,属于在洼地积水形成的自然湖泊的一种,是冰冻圈最为活跃的要素之一。冰湖的补给来源主要是冰雪融水,可分为冰碛湖、冰川湖和冰面湖等类型。与一般自然湖泊相比,冰湖具有规模小、受补给水源影响大、存在周期短、对气候变化敏感等特征。冰湖一般位于高寒山区(图 11-2),既是一种珍贵的水资源,又是灾害的孕育者。

图 11-2　次仁玛错冰湖(王伟才 摄,2013 年)

11.2.2 冰湖溃决洪水的定义和分布

冰湖溃决洪水(glacial lake outburst flood,GLOF)是指在冰川作用区,由于冰川阻塞湖(ice-blocked lake)、冰碛阻塞湖(moraine-dammed lake,简称冰碛湖)、冰面湖、冰内湖等突然溃决而引发的突发性洪水,最为常见的是冰碛阻塞湖溃决洪水和冰川阻塞湖溃决洪水。冰湖溃决洪水水文过程类似于溃坝洪水,大部分洪水过程陡涨陡落,洪峰流量大而水量较小。尤其是冰川阻塞湖易重复发生突发洪水。天气因素、岩崩、冰(雪)崩、地震、火山喷发、渗漏等都是冰湖溃决洪水的诱发因素。由于冰湖多分布在高海拔地区,与下游的主河道、工程设施和民居点形成很大的高差,尽管冰湖水储量不大,但其势能巨大,洪水往往形成泥石流,对下游造成直接威胁,如堵塞主河道、使主河道溃决等,严重危害人民生命和财产安全,并对自然和社会环境产生破坏性后果。冰湖溃决灾害在世界各地均有发生,喜马拉雅山、安第斯山和阿尔卑斯山等地的冰川作用区是冰湖溃决灾害的多发区。

11.2.3 洪水特征和溃决机制

冰湖溃决洪水具有如下特征:①洪峰高,洪量大;尤其是发生在秋、冬季的冰湖溃决洪水远远超过河流流量,对下游造成极大威胁;②洪水陡涨陡落,流量过程线呈单峰尖瘦型;洪水历时短,从数小时到几天;③洪水发生的时间不确定性较大,冰湖溃决洪水一年四季都可能出现,但1—4月发生较少,在天山西部、喜马拉雅山中段、念青唐古拉山东段等,这种洪水有80%发生在7—9月,尤其是冰碛阻塞湖溃决往往与盛夏高温冰川强烈消融期相伴;④冰湖溃决洪水量与前期降水及冰川消融量无直接关系,而仅取决于冰湖容量及溃坝规模。

冰湖溃决洪水的成因机制比较复杂,而且不同成因类型的冰湖溃决洪水的机理各不相同,以下是两种最为常见的冰湖溃决机理。

(1)冰碛阻塞湖的溃决机理

冰碛[①]阻塞湖是指受冰碛垄(moraine)阻塞而在冰碛垄与冰川之间形成的湖泊。冰碛阻塞湖溃决主要有两个原因。

一是冰川的冰舌末端发生崩塌。当冰舌前进接近湖区或伸入湖中形成陡高冰舌,在强烈的消融作用下,冰舌容易发生崩塌。一旦发生冰崩,大量冰体坠入湖中,形成巨大的涌浪直接冲击终碛堤坝,同时又诱发湖区周围不稳定的冰碛或坡积物大量崩塌或滑塌坠入湖中,连同大量崩塌的冰体使湖水位突然猛涨,造成湖水漫坝溢

---

① 冰碛(till)是指由冰川侵蚀、搬运和沉积的物质。其主要特征是各种岩屑大小混杂、无分选、不分层。其中砾石称为冰碛石,其形态以棱角状居多,且由于搬运过程的撞击多有断口断面。

流或由于水位升高、静水压力增加、管涌迅速扩大等,最终导致终碛垄发生垮坝。

二是湖水蓄满溢流或管涌溃坝。每当盛夏,一方面高山冰川、积雪强烈消融,另一方面又时值山区大量降水,当冰碛阻塞湖上游来水量大于排水或渗漏水量,湖水水位上升造成漫顶溢流,同时在静水压力作用下,终碛堤下管涌规模增大或者堤下死冰消融崩塌,造成冰碛阻塞湖溃决,尤其以暖湿年份为甚。

(2)冰川阻塞湖溃决机理

无论是冰川前进堵塞主河谷蓄水成湖,还是由于支冰川快速退缩与主冰川分离,在支冰川空出的冰蚀谷地中,由主冰川阻塞形成的湖泊都是以冰川冰作为坝体的,可称此类冰川湖为冰川阻塞湖。此类冰川湖溃决的排水机理及溃决过程与冰碛阻塞湖溃决成因截然不同。冰川阻塞湖溃决的原因主要有以下 4 种。①当湖水深度达到冰坝高度的 9/10 时,在湖水巨大的静水压力作用下,冰坝浮起造成冰坝断裂,冰湖排水。②冰川在运动和消融过程中,在冰面、冰内及冰下形成纵横交错的排水通道系统。当湖水水位升高时,这三层排水通道系统建立水力联系,在静水压力和热力动力作用下,湖水沿冰川边缘或冰床底部原生水道排出,并且这些水道在水流热力融蚀的作用下其断面面积不断扩大,加速了排水过程。③冰坝在静水压力和冰川流动产生的剪切应力的作用下,冰坝发生断裂,湖水沿冰裂隙或冰层断裂处向外排泄。④地震、火山爆发或地热作用致使冰坝崩裂、融化造成冰湖溃决。

11.3　冰川泥石流

11.3.1　定义及分类

冰川泥石流(glacial debris flow)是发育在现代冰川和积雪边缘地带,由冰雪融水或冰湖溃决洪水冲蚀形成的含有大量泥砂、石块的特殊洪流。冰川泥石流是一种介于山洪和块体(如滑坡)运动之间的固液二相流体运动,一般具有暴发突然、来势凶猛、历时短暂、破坏力极大的特点。与暴雨泥石流相比,冰川泥石流具有规模大、流动时间长等特征。其常发生在增温与融水集中的夏、秋季节,各种天气均可产生。

冰川泥石流按成因可分为消融型泥石流和溃决型泥石流。根据形成冰川泥石流的主要补给来源,将冰川泥石流划分为冰川融水型、积雪融水型、冰崩雪崩型、冰碛阻塞湖溃决型、冰川阻塞湖溃决型和冰雪融水与降雨混合型 6 种冰川泥石流类型。

11.3.2　形成条件

除了较陡的地形以外,充沛的冰雪水源、丰富的新老冰碛物是冰川泥石流形成的两个必不可少的条件。

(1)冰雪水源

冰川泥石流的形成过程除了受降水影响外，还主要受气温变化(冰川融水)、冰湖溃决等众多因素影响。冰雪水源主要有冰川融水、积雪融水、冰湖溃决洪水、冰崩与雪崩堆积体融水等。冰雪水源既是冰川泥石流这一特殊两相流中的液相组成部分，又是形成冰川泥石流的水动力条件。无论是大陆型冰川还是海洋型冰川，每到暖季都会由于气温回升而迅速融化，尤其是降水量较大的海洋型冰川，冰川融水量远大于大陆型冰川。

(2)丰富的新老冰碛物

泥石流物质来源主要分为沟道堆积物、崩塌、滑坡、撒落和倒石锥、冰碛物、冰水沉积物、残积物和坡积物。冰川泥石流开始以洪水的形式出现，冰川消融洪水转化为泥石流的主要物质来自上游沟道新老冰碛物，以及沟道和沟床两侧边坡的松散堆积物。若沟床物质多为洪积物，沟床两侧分布有众多的崩塌滑坡，沟道物质容易侵蚀，岸坡容易冲蚀失稳，则洪水会不断被挟带固体物质增大容重而演变为泥石流。如果沿途物质补给多或局部地段有滑坡或崩塌体堵塞沟道，补给相对集中，则会形成黏性或大规模的泥石流；沿途物质补给少，会形成稀性泥石流或一般山洪。

11.3.3 冰川泥石流与泥石流的区别

与泥石流形成条件类似，冰川泥石流的形成也要有丰富的固体物质补给、陡峻的沟谷地形及充足的水源，只是冰川泥石流形成区由于冰碛物、坡积物等松散物质丰富，冰川区到出山口高差巨大，沟坡陡峻，为泥石流形成提供了更加便利的条件。不同之处在于冰川泥石流是由冰川融水逐渐增加而形成的，而通常的泥石流是由于强降水所导致。

11.4 春汛

春汛(spring flood)是指春季流域上游的积雪融化、河冰解冻或春雨引起的水位上涨的现象。春汛主要由于冬季或初春降雪较大，随后气温回升又很快，于是加速了积雪消融的速度，从而造成洪水，主要以积雪融水为主。与普通洪水不同的是，积雪消融洪水当中会夹杂着大量的冰凌和融冰，所到之处带来的破坏性极大。在一些中高纬地区，冬季漫长而严寒，积雪较深，来年春、夏季气温升高超过 0 ℃，春汛极易产生，春汛大小和累积积雪量密切相关，且时空差异明显。

春汛洪水过程与气温过程变化基本一致，但在升温初期，气温上升比较快，河流流量变化不大，呈缓慢上涨趋势，当热量积累达到一定程度后，洪水过程上涨比气温过程陡，整个洪水过程落后于气温过程，洪峰滞后于温峰。洪水过程有明显的日变化，洪水日变化呈现一峰一谷。洪峰通常出现在午后，洪谷出现在夜晚，由于各个水文观测站离积雪区远近不同，各条河流峰谷出现时间不一样。洪水虽然出现在开春，但由于春温极不稳定，不同年份气温回升速率差异很大，因而开春时间气温年际变化也很大。

11.5　冻融灾害

多年冻土区冻融灾害(freeze thawing disaster)主要是指土体的冻结和融化过程中，土(岩)因温度变化、水分迁移所导致的热力学稳定性变化所引起的特殊地质灾害。

冻融灾害主要表现为冻土热学力学稳定性变化引起的冻胀和融沉，以及伴生的冷生现象引起的地质灾害。根据危害作用不同，可以分为以直接破坏作用为主的灾害，如冻胀、冰椎、冷拔、滑塌等突发性地质灾害；以间接破坏作用和深远危害为主的灾害，如水土流失、冻融泥流等。全球冻融灾害分布主要与多年冻土分布一致，加拿大、美国阿拉斯加、俄罗斯西伯利亚及中国东北和青藏高原是冻融灾害主要分布区。

11.5.1　冻胀、冰椎

冻胀(frost heaving/frost heave)指冻结过程中由于土体中冰的形成和发展而导致的土体体积增大的现象。由于活动层下伏多年冻土层的低渗透性，使季节活动层中未冻结部位地下水流动受阻。伴随冬季冻结过程，含水层性质由原来的潜水含水层变成承压含水层。当孔隙水压力足够大时，上覆季节冻结层被不断增加的孔隙水压力顶托而逐渐隆起，在地表较薄弱处形成丘状地形，即冻胀丘(frost mound)。冻胀丘的出现会严重影响已建工程建筑的安全，对道路工程危害尤其严重。

除饱和或接近饱和的土体在冻结过程中由水冻结成冰发生的体积膨胀之外，冻结过程中的水分迁移是引起冻胀的主要原因。影响冻胀的主要因素有土质、温度、水分含量和冻结速度。土质是影响土体冻胀的内在因素，决定了土体土水势的大小；水分是土体发生冻胀的物质来源；土体含水量越大，或者可被迁移进入正冻土体的水分越多，冻胀性就越强。温度则决定了土体中未冻水含量及其引发的基质势梯度；而冻结速度的快慢决定着可以保持水分迁移时间的长短。

冰椎(ice pyramid/icing/aufeis)是指冻结过程中活动层中的含水层性质由原来

的潜水含水层变成承压含水层，承压水通过地层、河湖冰面的裂隙流出地表，逐渐冻结形成似尖顶向上的锥体。每年冬末春初为冰椎的主要发展期，地下承压水压力的起伏会导致地下水或河水的间歇性喷发，形成了具有层状构造的锥形冰体。春末后，冰椎停止发展，且转向消融直至消失，冰椎与冻胀不同，前者是水流至地表冻结成冰，后者则是水流在地下结成冰核。冰椎对基础设施，特别是道路危害巨大。青藏高原北起昆仑河，南至安多捷布曲河之间的大河、大湖岸边都发现了冰椎，高度一般为 1～2 m。

11.5.2 热融滑塌

热融滑塌(thaw slumping)是指在自然条件影响和人类活动扰动的情况下，多年冻土中的地下冰大量融化，同时在重力作用下沿地下冰顶面发生坍塌沉陷并逐渐溯源侵蚀的一种现象(图 11-3)。它是热融喀斯特作用的结果之一，主要分布于斜坡地区。

图 11-3 祁连山南麓的一处热融滑塌(高坛光 摄，2017 年)

热融滑塌的触发开始于扰动或侵蚀而导致的多年冻土地下冰的暴露或其上覆盖层的减薄。这两者将会使地下冰比覆盖完好情况下吸收更多的热量，打破原本的热量平衡，从而造成地下冰融化。融化水使部分土体达到饱和或过饱和状态，在融化水的作用下这些土体与地下冰面之间的抗剪强度降低甚至趋于消失，沿地下冰面发生滑坡。最终导致斜坡土体开裂、坍塌沉陷或滑动。

单条热融滑塌可以发育数十年，直至达到稳定状态。内陆上热融滑塌的稳定主要包括两种情况：一种是多年冻土中的地下冰消耗殆尽；另一种是饱和或过饱和状态的土体向下滑动时将暴露的地下冰重新隔绝了起来，地下冰吸收的热量减少，融化停止。在第二种情况下，如果融化水或该区域地表径流的流速变快、流量增大冲刷侵蚀这些覆盖土体而使地下冰重新暴露出来，热融滑塌将会被再次启动。

热融滑塌的发育不仅会加速多年冻土的退化，改变其地表水文过程、地形稳定及当地生态系统，给周围地区的环境带来极大破坏，导致当地植被退化、水土流失加剧，释放出大量的 CO_2 与 CH_4，加速气候变暖等；还会对工程具有较大的破坏性，尤其是公路等线性工程，可能会导致公路路基发生热融下沉、不均匀冻胀，甚至出现淤塞涵洞、滑塌掩盖公路路面等危害。

11.5.3　热融湖塘

热融湖塘(thermokarst lake/pond)是指自然或人为因素引起的活动层增厚，导致地下冰或富冰多年冻土层发生局部融化，地表土层随之沉陷而形成热融洼地并积水形成的湖塘。湖水的补给来源多为地下冰融化水、冻土层上水、融雪水和大气降水。在气候变暖的背景下，热融湖塘会通过热喀斯特过程扩大其规模，加速多年冻土退化。热融湖塘及其变化对多年冻土热状态、地表和地下水文过程、生态环境、冻土工程稳定性等诸多方面有着重要影响。

热融湖塘的出现和发育是多年冻土退化的指示器，它标志着多年冻土的温度升高、稳定性降低，对冻土区地貌水文影响显著。热融喀斯特过程能够快速且广泛地改变寒区陆地景观格局、土壤和地表径流的化学特性，其对多年冻土区的生态环境也产生重要影响，可以起到加速有机物分解进程，并释放多年冻土中可溶性物质的作用，从而影响土壤和地表径流的化学特性。湖泊和地热融区会破坏冻土平面分布的连续性和冻土厚度的均匀性，使冻土分布离散化，同时这些融区也担当起地下水补给、径流和排泄的通道。

11.5.4　冻融泥流

冻融泥流(solifluction flow)是由于冻融作用，冻土结构破坏，上部融化土与下部冻土界面成为滑动面，饱和融土在自重作用下顺坡向下缓慢蠕动形成泥流，其组合物多为饱和状态的草皮苔藓、泥炭和土、砂类混合物，蠕动后的滑动面成为无地表植被的光秃秃的滑动面。冻融泥流可能掩埋道路、壅塞桥涵，加速路基的软化湿陷，多发生在缓坡地段的富冰冻土内。而在冻结岩石陡坡区域，冻融泥流还易引发岩崩、碎屑流等次级地质灾害。

11.6　雪灾

雪灾(snow disaster)是因长时间大量降雪造成大范围积雪成灾的自然现象，常发生在稳定积雪地区和不稳定积雪山区。按发生机制分类，雪灾可分为雪崩、风吹雪、暴风雪、牧区雪灾等，各灾种相互作用、相互影响，往往具有频发、群发、并发等灾害链特点。其中，暴风雪可激发雪崩灾害的发生，风吹雪可形成暴风雪灾害，而雪崩、风吹雪、暴风雪则常导致牧区雪灾。

当降雪量过大、雪深过厚、持续时间过长，或春季气温回暖形成春汛时，常危及承灾区农牧业生产、区域交通、通信、输电线路基础设施等，进而对区域经济社会可持续发展构成潜在威胁。

11.6.1　雪崩

雪崩(avalanche)是指当山坡积雪的稳定性受到破坏，即地面摩擦力无法抵御坡面积雪体向下的分力时，雪层滑落移动，引起大量冰雪崩塌现象。

雪崩分为三种类型：雪板雪崩(slab avalanche，又称为板状雪崩)、流雪雪崩和湿雪雪崩(wet snow avalanche)。雪板雪崩通常都涉及巨量快速运动的雪，大部分在雪崩中丧生的人都是死于雪板雪崩。流雪雪崩可能将滑雪者推出悬崖或岩石地带而造成伤害。湿雪雪崩相比前两者速度较慢，但危害性依然较大。

雪崩的形成与山坡坡度和雪温关系密切。

(1)山坡坡度

雪崩易发生的山坡坡度为30°～40°。一般而言，大陆型气候区，厚度达50 cm的新雪(密度为0.08 g/cm^3)，在25°左右的山坡上即可滑动。在海洋型雪崩区，在40°的山坡上，积雪厚度超过70 cm，且积雪底部发育着良好的深霜层(depth hoar layer)，当积雪厚度略有增加即可发生深霜全层雪崩。然而100 cm厚的再冻结中雪、粗雪和深霜构成的雪层，在37°的山坡上也不会滑动。在气温回升时期，融雪水下渗，各种类型雪层均被融水渗浸而变成湿雪(wet snow)，其内聚力和摩擦力迅速减小，即使是25°的山坡上，也会发生全层湿雪雪崩。

在分水岭背风坡形成很厚的雪檐(snow eaves)时，受吹雪或降雪影响，雪檐的自重超过雪檐中雪的抗断强度时，雪檐则会崩落，从而引起下部山坡上积雪的滑动，造成雪崩。在出现表面坚硬而下部几乎悬空的雪板(snow slab)时，雪板与下垫面之间的内聚力很小，在降雪和温度急剧变化或其他外部因素(如人畜行走、滚石等)的影响下，雪板表面即迅速产生裂隙而引起雪板雪崩。

(2)雪温

当雪温高于−5 ℃，若温度梯度超过临界值(−0.2 ℃/cm)，雪的晶体生长迅速，形成深霜层。积雪下部深霜层的出现则标志着大规模深霜全层雪崩即将发生。春季快速升温，积雪表面融化，融水通过松散水层迅速下渗，整个雪层趋于0 ℃，积雪强度突然降低，在积雪内聚力减少，特别是积雪底部深霜层被融水溶蚀为粒雪或滑动面上有融水时，最易发生全层湿雪雪崩。

11.6.2　风吹雪

风吹雪(drifting snow/blowing snow)指由气流携带起分散的雪粒在近地面运行的多相流或由风输送的雪。风吹雪可对农牧业生产、交通运输和工矿建设等造成危害。根据雪粒的吹扬高度、吹雪强度和对能见度的影响,可分为低吹雪、高吹雪两类。风吹雪不仅是高山冰川、极地冰盖、雪崩等的物质来源,还会诱发并加重冰雪洪水、雪崩、泥石流及滑坡等自然灾害,直接给经济社会活动和人民生命财产造成严重损失。

风吹雪是一种较为复杂的特殊流体,降雪和积雪是风吹雪的物质来源,而风则是风雪流形成的动力。风吹雪的发生是由风速、气温、雪面状态及地形状况等要素综合决定的。当风吹雪对雪面颗粒的启动力大于雪颗粒之间的剪切力时,风吹雪现象就会发生。风的驱动力取决于积雪表面的粗糙度和风速,大的风速和粗糙的积雪表面会产生更大的驱动力。风吹雪发生的平均临界风速和空气温度之间有很大的统计相关性,可依据相应的公式进行估算。一般认为,风吹雪的发生是一个概率过程,其发生概率分布类似于正态分布。

11.6.3　暴风雪

暴风雪(storm snow)是指风速≥15 m/s、持续时间不少于 3 h,并伴随连续降雪或风吹雪导致能见度≤400 m 的恶劣天气过程,是人类居住地区最常见的雪灾。暴风雪发生时,常常风雪交加、气温陡降、能见度极差,城市道路局部积雪堆积,导致通行缓慢或中断、高速公路关闭、机场航班延误或取消。牧区和农区大范围暴雪过程、积雪堆积以及严寒,常造成牲畜因受冻和饥饿大量死亡、农作物因冻害受损等。一般情况下,雪灾频发区与积雪区分布一致,以我国为例,暴风雪主要发生在东北、西北和青藏高原三大积雪区。

11.6.4　牧区雪灾

牧区雪灾是指在主要依赖自然放牧的牧区,因降雪量过大、雪深过厚、持续时间过长,缺乏饲草料储备,从而引发牲畜死亡所形成的灾害。牧区雪灾的发生不仅受降雪量、气温、雪深、积雪日数、坡度、坡向、草地类型、牧草高度等自然因素的影响,而且与畜群结构、饲草料储备、雪灾准备金、区域经济发展水平等社会因素息息相关。这类灾害在中国西部阿勒泰、三江源、那曲、锡林郭勒及蒙古国大片牧区多见。

11.6.5　冰冻雨雪灾害

冰冻雨雪灾害是指冬、春季低温雨雪冰冻过程对承灾区人员、经济社会系统造成严重影响的气象或冰冻圈灾害。冰冻雨雪灾害发生时，降雪、冻雨和降雨 3 种天气并存，其中冻雨是致灾主要原因；低温、雨雪、冻雨天气强度大且持续时间长。低温冰冻雨雪灾害是多种因素在同时段、同地区相互配合和叠加的结果。冰冻雨雪灾害常发生在我国中东部经济发达地区，对农业、林业、交通、输电、通信及航空危害极大。

11.7 凌汛

凌汛(ice flood)是冰凌对水流产生阻力而引起江河水位明显上涨的水文现象，主要有冰坝凌汛和冰洪凌汛(详见第 8.4 节——凌汛)。在冬季封河期和春季开河期都有可能发生凌汛。

凌汛灾害的主要表现为：①冰坝洪水，冰坝是由大量的冰块在河道中堆积而成的，常导致过水断面减小、水流阻力增加，水位上涨，流水漫堤，造成凌汛灾害；②冰花堵塞，悬浮的冰花遇到过冷的固体时则贴附在外表，层层冻结，逐渐加厚，减少甚至完全堵塞过水断面，如水电站进水口拦污栅，使电站不能运行，同时电站上游会因水位壅高漫出河堤形成凌汛灾害；③影响航运和建筑物安全，流动的冰块会产生很大的动冰压力和撞击力，碰撞船舶和其他建筑物，使河流冬季无法通航，水工建筑物也会遭到破坏；④损坏岸坡和水工建筑物，冰盖膨胀产生巨大的静冰压力，使河岸护坡和水工建筑物(如进水塔、桥墩和胸墙等)遭到破坏。

11.8 海冰灾害

海冰灾害(sea ice disaster)是指由于海冰超越人类控制范围，而产生的对国民经济负面影响的现象，是极地和高纬度海域所特有的海洋灾害。海冰灾害的轻重与受到威胁的基础设施或经济活动强度有关，低海冰冰情等级并不意味着海冰灾害弱。

在北半球，海冰覆盖面积具有显著的季节变化，以 3—4 月最大，8—9 月最小。海水结冰需要三个条件：①气温比水温低，水中的热量大量散失；②相对于水开始结冰时的温度(冰点)，已有少量的过冷却现象；③水中有悬浮微粒、雪花等杂质凝结核。

海冰灾害的主要表现有：①封锁港口、航道；②破坏海洋工程建筑物和各种海上设施；③阻碍船只航行，破坏螺旋桨或船体，以至于船只失去航行能力；④撞击、挤压损坏船只，造成船只搁浅、触礁等灾难性事故；⑤使渔业休渔期过长和破坏海水养殖设施、场地等，造成经济损失。

思考

位于喜马拉雅山脉中段的聂拉木县历史上多次发生冰湖溃决事件，最严重的一次溃决事件是1981年次仁玛错冰湖的溃决，其溃决洪水洪峰流量高达 $1.6\times10^4\ m^3/s$，洪水夹杂着泥沙、石块等其他杂物，不仅冲毁了我国聂拉木县樟木口岸的中尼友谊桥及两岸建筑物，而且使尼泊尔境内的逊科西水电站部分设施受损，并造成约200人死亡。冰湖溃决洪水对下游建筑、河岸及人员等有着严重的威胁，其形成的灾害链往往破坏力巨大，了解冰湖溃决洪水灾害的特性对于防范这类灾害的发生具有重要的作用，请思考并罗列冰湖溃决灾害链的特征。

专业术语

中文	英文
暴风雪	blizzard
冰坝	ice dam
冰崩	ice avalanche/ice fall
冰川擦痕	glacier striae
冰川沉积物	glacier deposit/glacier sediment
冰川底床	glacier bedrock
冰川洪水	glacier flood
冰川径流	glacier runoff
冰川裂隙	glacier fissure/glacier crevasse
冰川末端	glacier terminal
冰川泥石流	glacier debris flow/glacial debris flow
冰川退缩	glacier retreat/glacier recession
冰川灾害	glacier hazards
冰川阻塞湖	ice-blocked lake
冰湖/冰川湖	glacial lake
冰湖溃决洪水	glacial lake outburst flood,GLOF
冰碛	till
冰碛垄	moraine
冰碛阻塞湖	moraine-dammed lake
冰舌	glacier snout/glacier tongue/ice lobe
冰蚀谷	glacier-carved valley

续表

中文	英文
冰椎	ice pyramid/icing/aufeis
春汛	spring flood
冻融灾害	freeze thawing disaster
冻土灾害	frozen ground hazards
冻胀	frost heaving/frost heave
风吹雪	drifting snow/blowing snow
海冰灾害	sea ice disaster
径流	flow/runoff/flow-off
热融湖塘	thermokarst lake/pond
热融滑塌	thaw slumps
热融泥流	solifluction/congeliturbation
湿雪崩	wet snow avalanche
死冰	dead ice
雪板雪崩	slab avalanche
雪崩	avalanche
雪灾	snow disaster

参考文献

曹继业,1985. 祁连山中东段多年冻结区地下水天然资源评价[J]. 冰川冻土,7(1)：65-76.

陈仁升,康尔泗,丁永建,2014. 中国高寒区水文学中的一些认识和参数[J]. 水科学进展,25(3)：307-317.

陈仁升,阳勇,韩春坛,等,2014. 高寒区典型下垫面水文功能小流域观测试验研究[J]. 地球科学进展,29(4)：507-514.

程国栋,1990. 中国冻土研究进展[J]. 地理学报,45(2)：220-224.

程国栋,2009. 黑河流域水—生态—经济系统综合管理研究[M]. 北京:科学出版社.

戴长雷,于成刚,廖厚初,2010. 冰情监测与预报[M]. 北京：中国水利水电出版社.

丁永建,2017. 寒区水文学导论[M]. 北京：科学出版社.

丁永建,效存德,2013. 冰冻圈变化及其影响研究的主要科学问题概论[J]. 地球科学进展,28(10)：1067-1076.

丁永建,叶佰生,刘时银,等,2000. 青藏高原大尺度冻土水文监测研究[J]. 科学通报,45(2)：208-214.

丁永建,张世强,2015. 冰冻圈水循环在全球尺度的水文效应[J]. 科学通报,60(7):593-602.

高坛光,康世昌,张强弓,等,2008. 青藏高原纳木错流域河水主要离子化学特征及来源[J]. 环境科学,29(11)：3009-3016.

高坛光,康世昌,周石硚,等,2009. 纳木错曲嘎切流域夏季冰川水文特征初步研究[J]. 冰川冻土,31(4)：725-731.

郭鹏飞. 第二届全国冻土学术会议论文选集[M]. 兰州：甘肃人民出版社.

何勇,武永峰,刘秋峰,2013. 未来气候变化情景下中国冰冻圈变化影响区域的脆弱性评价[J]. 科学通报,58(9)：833-839.

李均力,盛永伟,2013. 1976—2003 年青藏高原内陆湖变化的时空格局与过程[J]. 干旱区研究,30(4)：571-581.

李韧,赵林,丁永建,等,2012. 青藏公路沿线多年冻土区活动层动态变化及区域差异特征[J]. 科学通报,57(30)：2864-2871.

李向应,丁永建,刘时银,2007. 中国境内冰川成冰作用的研究进展[J]. 地球科学进展(04)：386-395.

李新,刘绍民,马明国,等,2012. 黑河流域生态—水文过程综合遥感观测联合试验总体设计[J]. 地球科学进展,27(05):481-498.

刘潮海,丁良福,1988. 中国天山冰川区气温和降水的初步估算[J]. 冰川冻土,10(2):151-158.

刘时银,2012. 冰川观测与研究方法[M]. 北京：科学出版社.
刘时银,姚晓军,郭万钦,等,2015. 基于第二次冰川编目的中国冰川现状[J]. 地理学报,70(1)：3-16.
陆胤昊,叶柏生,李翀,2013. 冻土退化对海拉尔河流域水文过程的影响[J]. 水科学进展,24(3)：319-325.
罗栋梁,金会军,林琳,等,2012. 青海高原中、东部多年冻土及寒区环境退化[J]. 冰川冻土,34(3)：538-546.
牛丽,叶柏生,李静,等,2011. 中国西北地区典型流域冻土退化对水文过程的影响[J]. 中国科学·D辑:地球科学,41(1)：85-92.
佩特森,1987. 冰川物理学[M]. 张祥松,丁亚梅,译. 北京:科学出版社.
秦大河,2016. 冰冻圈科学辞典(第2版)[M]. 北京：气象出版社.
秦大河,2016. 英汉冰冻圈科学词汇(第2版)[M]. 北京：气象出版社.
秦大河,2017. 冰冻圈科学概论[M]. 北京：科学出版社.
秦大河,周波涛,效存德,2014. 冰冻圈变化及其对中国气候的影响[J]. 气象学报,72(5)：869-879.
曲斌,康世昌,陈锋,等,2012. 2006—2011年西藏纳木错湖冰状况及其影响因素分析[J]. 气候变化研究进展,8(5)：18-24.
任贾文,明镜,2014. IPCC第五次评估报告对冰冻圈变化的评估结果要点[J]. 气候变化研究进展,10(1)：25-28.
施雅风,黄茂桓,任炳辉,1988. 中国冰川概论[M]. 北京：科学出版社.
孙哲,2017. 青藏高原多年冻土区热融滑塌对土壤冻融侵蚀影响[D]. 兰州：兰州大学.
万欣,康世昌,李延峰,等,2013. 2007—2011年西藏纳木错流域积雪时空变化及其影响因素分析[J]. 冰川冻土,35(6)：1400-1409.
王根绪,李元首,吴青柏,等,2006. 青藏高原冻土区冻土与植被的关系及其对高寒生态系统的影响[J]. 中国科学·D辑:地球科学,36(8)：743-754.
王庆峰,张廷军,吴吉春,等,2013. 祁连山区黑河上游多年冻土分布考察[J]. 冰川冻土,35(1)：19-29.
王绍令,1990. 青藏公路风火山地区的热融滑塌[J]. 冰川冻土,12(1)：63-70.
王宇函,杨大文,雷慧闽,等,2015. 冰冻圈水文过程对黑河上游径流的影响分析[J]. 水利学报,46(9)：1064-1071.
吴吉春,盛煜,李静,等,2009a. 疏勒河源区的多年冻土[J]. 地理学报,64(5)：571-580.
吴吉春,盛煜,吴青柏,等,2009b. 气候变暖背景下青藏高原多年冻土层中地下冰作为水"源"的可能性探讨[J]. 冰川冻土,31(2)：350-356.
吴吉春,盛煜,于晖,等,2007. 祁连山中东部的冻土特征(Ⅰ)：多年冻土分布[J]. 冰川冻土,29(03)：418-425.
吴倩如,康世昌,高坛光,等,2010. 青藏高原纳木错流域扎当冰川度日因子特征及其应用[J]. 冰川冻土,32(05)：891-897.
谢自楚,刘潮海,2010. 冰川学导论[M]. 上海：上海科学普及出版社.
谢自楚,王欣,康尔泗,等,2006. 中国冰川径流的评估及其未来50a变化趋势预测[J]. 冰川冻土,

28(4):457-466.

徐学祖,王家澄,张立新,2001. 冻土物理学[M]. 北京：科学出版社.

阳勇,陈仁升,2011. 冻土水文研究进展[J]. 冰川冻土,33(7)：711-723.

杨成松,程国栋,2011a. 气候变化条件下青藏铁路沿线多年冻土概率预报(Ⅰ):活动层厚度与地温[J]. 冰川冻土,33(3)：461-468.

杨成松,程国栋,2011b. 气候变化条件下青藏铁路沿线多年冻土概率预报(Ⅱ):活动层厚度与沉降变形[J]. 冰川冻土,33(3)：469-478.

杨针娘,刘新仁,曾柱群,等,2000. 中国寒区水文[M]. 北京：科学出版社.

杨针娘,杨志怀,梁凤仙,等,1993. 祁连山冰沟流域冻土水文过程[J]. 冰川冻土,15(2)：235-241.

姚檀栋,秦大河,沈永平,等,2013. 青藏高原冰冻圈变化及其对区域水循环和生态条件的影响[J]. 自然杂志,35(3)：179-186.

叶柏生,丁永建,焦克勤,等,2012. 我国寒区径流对气候变暖的响应[J]. 第四纪研究,32(1)：103-110.

张国庆,姚檀栋,Xie H,等,2014. 青藏高原湖泊状态与丰度[J]. 科学通报,59(26)：26-43.

张廷军,2012. 全球多年冻土与气候变化研究进展[J]. 第四纪研究,32(1)：27-38.

张勇,刘时银,丁永建,2006. 中国西部冰川度日因子的空间变化特征[J]. 地理学报,61(1)：89-98.

张中琼,吴青柏,2012. 气候变化情景下青藏高原多年冻土活动层厚度变化预测[J]. 冰川冻土,34(03)：505-511.

赵林,丁永建,刘广岳,等,2010. 青藏高原多年冻土层中地下冰储量估算及评价[J]. 冰川冻土,32(1)：1-9.

赵林,盛煜,2015. 多年冻土调查手册[M]. 北京：科学出版社.

赵林,吴通华,谢昌卫,等,2017. 多年冻土调查和监测为青藏高原地球科学研究、环境保护和工程建设提供科学支撑[J]. 中国科学院院刊,32(10)：1159-1164.

钟歆玥,2014. 欧亚大陆积雪时空变化特征及其与气候变化的关系[D]. 北京:中国科学院大学.

周石硚,康世昌,高坛光,等,2010. 纳木错流域扎当冰川径流对气温和降水形态变化的响应[J]. 科学通报,55(18)：1781-1788.

周幼吾,杜榕桓,1963. 青藏高原冻土初步考察[J]. 科学通报,2：60-63.

周幼吾,郭东信,邱国庆,2000. 中国冻土[M]. 北京：科学出版社.

Adam J C, Hamlet A F, Lettenmaier D P, 2009. Implications of global climate change for snowmelt hydrology in the twenty-first century[J]. Hydrological Processes: An International Journal, 23(7): 962-972.

Bogdal C, Schmid P, Zennegg M, et al, 2009. Blast from the past: Melting glaciers as a relevant source for persistent organic pollutants[J]. Environmental Science & Technology, 43(21): 8173-8177.

Brown G H, 2002. Glacier meltwater hydrochemistry[J]. Applied Geochemistry, 17(7): 855-883.

Caine N, 2009. Principles of Snow Hydrology[J]. Arctic, Antarctic, and Alpine Research, 41(4): 523-524.

Chen R, Liu J, Song Y, 2014. Precipitation type estimation and validation in China[J]. Journal of

Mountain Science, 11(4): 917-925.

Chen R, Song Y, Kang E, et al, 2014. A cryosphere-hydrology observation system in a small alpine watershed in the Qilian Mountains of China and its meteorological gradient[J]. Arctic, Antarctic, and Alpine Research, 46(2): 505-523.

Collins M, Sutherland M, Bouwer L, et al, 2019. Extremes, Abrupt Changes and Managing Risk. In: IPCC Special Report on the Ocean and Cryosphere in a Changing Climate [H. -O. Poörtner, D. C. Roberts, V. Masson-Delmotte, P. Zhai, M. Tignor, E. Poloczanska, K. Mintenbeck, A. Alegriía, M. Nicolai, A. Okem, J. Petzold, B. Rama, N. M. Weyer (eds.)]. In press.

Gao T, Kang S, Chen R, et al, 2019. Riverine dissolved organic carbon and its optical properties in a permafrost region of the Upper Heihe River basin in the Northern Tibetan Plateau[J]. Science of the Total Environment, 686: 370-381.

Gao T, Kang S, Cuo L, et al, 2015. Simulation and analysis of glacier runoff and mass balance in the Nam Co Basin, southern Tibetan Plateau[J]. Journal of Glaciology, 61(227): 447.

Gao T, Kang S, Krause P, et al, 2012. A test of J2000 model in a glacierized catchment in the central Tibetan Plateau[J]. Environmental Earth Sciences, 65(6): 1651-1659.

Gao T, Kang S, Zhang T, et al, 2015. Summer hydrological characteristics in glacier and non-glacier catchments in the Nam Co Basin, southern Tibetan Plateau [J]. Environmental Earth Sciences, 74 (3): 2019-2028.

Gao T, Zhang T, Cao L, et al, 2016a. Reduced winter runoff in a mountainous permafrost region in the northern Tibetan Plateau[J]. Cold Regions Science and Technology, 126: 36-43.

Gao T, Zhang T, Wan X, et al, 2016b. Influence of microtopography on active layer thaw depths in Qilian Mountain, northeastern Tibetan Plateau[J]. Environmental Earth Sciences, 75(5)1-12.

Hinkel K M, Nelson F E, 2003. Spatial and temporal patterns of active layer thickness at Circumpolar Active Layer Monitoring (CALM) sites in northern Alaska, 1995—2000[J]. Journal of Geophysical Research, 108(D2): 13.

Hock R, 1999. A distributed temperature-index ice-and snowmelt model including potential direct solar radiation[J]. Journal of Glaciology, 45(149): 101-111.

Hock R, 2003. Temperature index melt modelling in mountain areas[J]. Journal of Hydrology, 282 (1-4): 104-115.

Hock R, 2005. Glacier melt: A review of processes and their modelling[J]. Progress in Physical Geography, 29(3): 362-391.

Huss M, Zemp M, Joerg P C, et al, 2014. High uncertainty in 21st century runoff projections from glacierized basins[J]. Journal of Hydrology, 51035-51048.

Immerzeel W W, Lutz A F, Andrade M, et al, 2020. Importance and vulnerability of the world's water towers[J]. Nature, 577: 364-384.

IPCC, 2013. Climate Change 2013: The Physical Science Basis. Contribution of Working Group I to the Fifth Assessment Report of the Intergovernmental Panel on Climate Change[M]. Cambridge University Press, Cambridge, United Kingdom and New York, NY, USA.

IPCC, 2014. Climate Change 2014: Impacts, Adaptation, and Vulnerability. Part A: Global and Sectoral Aspects. Contribution of Working Group II to the Fifth Assessment Report of the Intergovernmental Panel on Climate Change [M]. Cambridge University Press, Cambridge, United Kingdom and New York, NY, USA.

IPCC, 2018. Global Warming of 1.5℃. An IPCC Special Report on the impacts of global warming of 1.5℃ above pre-industrial levels and related global greenhouse gas emission pathways, in the context of strengthening the global response to the threat of climate change, sustainable development, and efforts to eradicate poverty [Masson-Delmotte, V, P. Zhai, H.-O. Pörtner, D. Roberts, J. Skea, P. R. Shukla, A. Pirani, W. Moufouma-Okia, C. Péan, R. Pidcock, S. Connors, J. B. R. Matthews, Y. Chen, X. Zhou, M. I. Gomis, E. Lonnoy, T. Maycock, M. Tignor, and T. Waterfield (eds.)]. In Press.

IPCC, 2019. IPCC Special Report on the Ocean and Cryosphere in a Changing Climate [H.-O. Poörtner, D. C. Roberts, V. Masson-Delmotte, P. Zhai, M. Tignor, E. Poloczanska, K. Mintenbeck, A. Alegriía, M. Nicolai, A. Okem, J. Petzold, B. Rama, N. M. Weyer (eds.)]. In pres.

Kong Y, Pang Z, 2012. Evaluating the sensitivity of glacier rivers to climate change based on hydrograph separation of discharge[J]. Journal of Hydrology, 434: 121-129.

Kotlyakov V M, Krenke A N, 1979. The regime of the present-day glaciation of the Caucasus[J]. Z. Gletscherk. Glazialgeol., 15(1): 7-21.

Li X, Jin R, Pan X, et al, 2012. Changes in the near-surface soil freeze - thaw cycle on the Qinghai-Tibetan Plateau[J]. International Journal of Applied Earth Observation and Geoinformation, 17(0): 33-42.

Mast M A, Turk J T, Clow D W, et al, 2011. Response of lake chemistry to changes in atmospheric deposition and climate in three high-elevation wilderness areas of Colorado[J]. Biogeochemistry, 103(1): 27-43.

Nelson F E, Shiklomanov N I, Christiansen H H, et al, 2004. The circumpolar-active-layer-monitoring(CALM) Workshop: Introduction[J]. Permafrost and Periglacial Processes, 15(2): 99-101.

Pang Q, Cheng G, Li S, et al, 2009. Active layer thickness calculation over the Qinghai-Tibet Plateau [J]. Cold Regions Science and Technology, 57(1): 1-28.

Qin D, Ding Y, Xiao C, et al, 2018. Cryospheric Science: Research framework and disciplinary system[J]. National Science Review, 5(2): 255-268.

Quinton W, Baltzer J, 2013. The active-layer hydrology of a peat plateau with thawing permafrost (Scotty Creek, Canada)[J]. Hydrogeology Journal, 21(1): 201-220.

Rhein M, Rintoul S R, Aoki S, et al, 2013. Observations: Ocean. In: Climate Change 2013: The Physical Science Basis. Contribution of Working Group I to the Fifth Assessment Report of the Intergovernmental Panel on Climate Change [M]. Cambridge University Press, Cambridge, United Kingdom and New York, NY, USA.

Serreze M C, Barrett A P, Slater A G, et al, 2006. The large-scale freshwater cycle of the Arctic[J].

Journal of Geophysical Research Oceans, 111(C11): C11010.

Stewart I T, 2008. Changes in snowpack and snowmelt runoff for key mountain regionship[J]. Hydrological Processes, 23(1): 78-94.

Vaughan D G, Comiso J C, Allison I, et al, 2013. Observations: Cryosphere. In: Climate Change 2013: The Physical Science Basis. Contribution of Working Group I to the Fifth Assessment Report of the Intergovernmental Panel on Climate Change[M]. Cambridge University Press, Cambridge, United Kingdom and New York, NY, USA.

Woo M-K, 2012. Permafrost hydrology[M]. Berlin: Springer Science & Business Media.

Xin L, Cheng G, Jin H, et al, 2008. Cryospheric change in China[J]. Global & Planetary Change, 62(3-4): 210-218.

Zhang S, Ye B, Liu S, et al, 2012. A modified monthly degree-day model for evaluating glacier runoff changes in China. Part I: model development[J]. Hydrological Processes, 26(11): 1686-1696.

Zhang T, Barry R G, Knowles K, et al, 2008. Statistics and characteristics of permafrost and ground-ice distribution in the Northern Hemisphere[J]. Polar Geography, 31(1): 47-68.

Zhang Y, Gao T, Kang S, et al, 2019. Importance of atmospheric transport for microplastics deposited in remote areas[J]. Environmental Pollution, 254112953.

Zhang Y, Kang S, Cong Z, et al, 2017a. Light-absorbing impurities enhance glacier albedo reduction in the southeastern Tibetan Plateau[J]. Journal of Geophysical Research: Atmospheres., 122(13): 6915-6933.

Zhang Y, Kang S, Gao T, et al, 2019. Dissolved organic carbon in snow cover of the Chinese Altai Mountains, Central Asia: Concentrations, sources and light-absorption properties[J]. Science of the Total Environment, 647: 1385-1397.

Zhang Y, Kang S, Li C, et al, 2017b. Characteristics of black carbon in snow from Laohugou No. 12 glacier on the northern Tibetan Plateau[J]. Science of the Total Environment, 607: 1237-1249.

Zhou Shiqiao, Kang Shichang, Gao Tanguang, et al, 2010. Response of Zhadang Glacier runoff in Nam Co Basin, Tibet, to changes in air temperature and precipitation form[J]. Chinese Science Bulletin, 55(20): 2103-2110.